科学养鸡步步赢

鸡场疾病防控关键技术

朱国强　主编

中 国 农 业 出 版 社

本书有关用药的声明

兽医科学是一门不断发展的学科，标准用药安全注意事项必须遵守。但随着科学研究的发展及临床经验的积累，知识也不断更新，因此治疗方法及用药也必须或有必要做相应的调整。建议读者在使用每一种药物之前，参阅厂家提供的产品说明以确认推荐的药物用量、用药方法、所需用药的时间及禁忌等。医生有责任根据经验和对患病动物的了解决定用药量及选择最佳治疗方案。出版社和作者对任何在治疗中所发生的对患病动物和/或财产所造成的伤害不承担任何责任。

中国农业出版社

《科学养鸡步步赢》丛书编委会

本书编写人员

主　　编　朱国强

副 主 编　朱春红　章双杰

编　　者　朱国强　朱春红　章双杰

　　　　　孟　霞　王建业　葛庆联

　　　　　张信军　陶　洁　张建军

　　　　　胡　艳　朱晓演　徐洪庆

序

养禽业是我国畜牧业中的支柱产业，经过改革开放30多年的快速发展，综合生产能力显著增强，已成为世界第一养禽大国，取得了令世界同行瞩目的成绩。养禽业成为我国规模化和集约化程度最高、先进科学技术应用最多、与国际先进水平最接近的畜牧产业之一，科技进步对其发展发挥了巨大的推动作用。

由于家禽业生产周期短，饲料转换率高，禽肉、禽蛋已成为有益人类健康、廉价的主要动物蛋白来源之一。但近年我国养禽业受到了来自国内外各方面的挑战和冲击，总体看产业化程度有待提高，产品价格波动较大，局部疫情时有发生，不规范用药等引起的食品安全问题，给养禽业持续发展带来困扰。如何引导广大家禽从业者树立健康养殖观念、提高安全意识、采用先进科学的饲养管理技术、规范使用饲料添加剂和兽药、生产优质安全的禽产品成为当前家禽养殖业迫切需要解决的瓶颈问题。

《科学养鸡步步赢》丛书根据鸡场建设、消毒、疾病防控、用药、饲料配制、种鸡饲养与孵化等生产环节，以及不同鸡种生理特性和饲养管理分别成书，重点介绍关键技术方法，内容系统，理论联系实践，具有很强的针对性、科学性和可操作性，便于短期快速掌握关键技术，对提高我国家禽养殖业生产水平、禽产品质量和食品安全水平，增强产品竞争力，促进农民稳收增收具有推动作用。限于作者专业水平和实践经验，疏漏和不妥之处在所难免，敬请广大业界同仁不吝指正。

丛书编委会

本书前言

我国是养鸡大国，特别是近几十年来，我国养鸡业迅猛发展，取得了举世瞩目的成就。鸡的存栏量、鸡产品产量及蛋肉人均占有量已经连续多年居世界第一。鸡病防治是养鸡生产的重要组成部分，它直接影响养鸡业的持续稳定发展和鸡场效益的提高。

随着养鸡业的发展，鸡病防治技术也在不断进步，但目前我国养鸡业存在非标准化的饲养模式，大、中、小、散规模并存，设施工艺水平高、中、低、简同在，多品种、多日龄鸡群混养，生物安全防疫体系不健全，疫苗、兽药、饲料滥用严重，以及鸡种的不规范引进和禽蛋肉产品的广泛流通，导致鸡的疾病难以控制，严重阻碍养鸡业的健康发展和禽及其产品的出口，甚至威胁到食品质量和安全，更谈不上满足人们“高品质、安全、无公害”的食品消费追求。鸡病防治的形势越来越严峻，尤其是中小型鸡场制定切实可行的综合性疾病防治措施，强化鸡病防治观念，提高鸡病防治水平迫在眉睫，它是提高我国养鸡业整体水平的前提。

本书是编者在多年鸡病防治经验的基础上，阅读大量资料，收集并参考鸡病研究的最新科研成果后编写而成的。书中详细介绍了鸡场常见疾病的病原、临床症状、诊断及免疫防治。写作上遵循通俗易懂、简便实用的原则，比较适合中小型鸡场和规模养鸡户防治鸡病的实际，也可作为广大畜牧兽医工作者和鸡场饲养管理人员在鸡病防治中的参考用书。

鸡病防治是一项系统工程，其内容繁多、涉及面广，且新病不断涌现，防病技术不断更新，加上作者阅读的资料和水平有限，文中难免出现疏漏和错误，恳请广大读者和同仁批评指教。

编　者

目录

第一篇

鸡场疾病概况

第一章 鸡场疾病流行现状、危害及其病因

我国集约化养鸡业从20世纪80年代开始，起步较晚，但发展较快，特别是近十多年得到了长足快速发展，尤其是蛋鸡养殖业发展迅速。我国禽产品产量已步入世界养禽大国行列，表现在规模大、专业化程度较高、生产效率与生产水平明显提高。但我国不是养禽强国，与世界先进水平国家相比，仍存在很大差距，如禽产品生产成本高、质量不高，养殖效益低下，养鸡业处于以数量、投入求发展的粗放经营向以质量、效益为中心的集约化经营转变的阶段，尤其是禽病严重制约着我国养禽业的规模发展。

一、当前我国鸡场疾病流行现状

疫病防治对我国养鸡业发展起到了重要作用，但伴随着养鸡业的快速发展，国际间合作日渐频繁，养鸡环境日趋恶化，鸡病已经成为影响我国养鸡业进一步健康发展的重要因素之一。

（一）新病不断出现

近20年来，我国鉴定了十余种新病，包括鸡传染性法氏囊病（IBD，1979）、禽脑脊髓炎（AE，1983）、网状内皮组织增生病（RE，1986）、鸡产蛋下降综合征（EDS-76，1986）、鸡传染性贫血（CIA，1992）、鸡传染性腺胃病（1995，IBV）及禽流感（H9N2，1994；H5N1，1997）等。据不完全统计，危害我国养禽业的疾病种类总数高达80余种，其中传染性疾病所占比例最大（约占 75%）。

新病的不断涌现对疫病的及时和有效防治造成了极大困难，并成为影响养鸡业发展的最大障碍，据不完全估计，我国每年因各类禽病导致家禽的死亡率高达 15%～20%，经济损失达数百亿元。采取针对性措施减少疾病发生，或将已经发生的疾病危害降到最低，是目前我国养鸡业面临的最大挑战。

（二）免疫抑制性疾病危害不断加大

机体免疫抑制在目前的生产中普遍存在。造成机体免疫抑制的原因有很多，主要包括免疫抑制性疾病的发生、营养缺乏、日粮中毒（害）物质含量高、应激、环境不良等。

一些传染性疾病，如鸡传染性法氏囊病、鸡马立克氏病、鸡新城疫、鸡传染性喉气管炎、鸡传染性贫血、网状内皮组织增生病、呼肠孤病毒感染（如鸡病毒性关节炎）和鸡传染性腺胃病等，这些疾病的发生不但造成直接经济损失，而且还可引起机体免疫抑制，使机体增加对其他病原的易感性，降低鸡群对多种疫苗的应答能力，甚至导致免疫失败，间接损失更不可估量。

在免疫抑制性疾病中病毒性多重感染现象较为普遍，引起多重感染时病毒种类很多，危害相当严重。在免疫抑制性病毒感染中，许多能够垂直传播，种鸡群总体净化难度大、措施不力及鸡群大量应用非 SPF 胚来源疫苗，使得免疫抑制性疾病流行程度和防治难度不断增加。

（三）蛋传疾病普遍存在

一些疾病（如沙门氏菌病、鸡支原体慢性呼吸道病、禽白血病、禽脑脊髓炎、网状内皮组织增生病、鸡传染性贫血和鸡病毒性关节炎等）不仅水平传播，也可以垂直传播，在生产实践中难以根除，危害持久。上述感染虽然不像烈性传染病那样全群、大面积暴发流行，但患鸡生产性能下降。鸡群死亡率的增加和防治费用的提高都严重影响了养鸡业的生产效益。如鸡白痢，在鸡群中呈逐代放大现象；鸡败血支原体及滑液囊支原体，一般鸡群的感染率可达20%以上，有的鸡群高达90%，在鸡群中难以得到净化，已成为危害养鸡生产的重要疫病；病毒性蛋传疾病也呈上升趋势。种鸡群总体净化措施不力、非SPF胚疫苗和抗血清的大量使用是造成蛋传疾病普遍存在的重要原因，针对性地采取防治措施是控制蛋传疾病的关键。

（四）混合感染严重、继（并）发感染现象普遍

生产实践中，鸡群疾病的混合感染现象相当严重，继（并）发感染现象普遍存在。如雏鸡阶段患法氏囊病时，常伴有新城疫和大肠杆菌病等；常见的呼吸道综合征，多数是法氏囊病、大肠杆菌病、呼吸道病毒（新城疫病毒、禽流感病毒、鸡传染性支气管炎病毒）病及不良环境共同协作的结果，免疫过程中鸡新城疫、传染性支气管炎等疫苗的滴鼻，常会造成呼吸道黏膜损伤而成为大肠杆菌、支原体感染的诱因，导致呼吸道症状。造成混合、继（并）发感染的病原之间，大多存在协同致病作用，使病症加剧，危害加大。

无论混合感染或者继（并）发感染，往往由于病因多而造成误诊或漏诊，况且多病因疾病尚未完全被广大养殖主体认识，多采用单一防治措施，从而使得实践中防治效果不佳。此外，由于免疫过程中免疫途径或方法不当，易继发其他疾病，或疫苗使用不当而造成免疫抑制，使疫情复杂化，也影响了防治效果。只有针对性地采取综合防治措施，才能有效控制或将损失降到最低。

（五）病原耐药性问题日趋严重

抗生素与化学合成药物对养鸡生产的快速发展起到了重要作用，但由于对鸡病的总体诊断水平有限、药敏试验条件不足、诊断准确性不高，而且养鸡环境的日趋恶化及鸡病的日趋

复杂，养鸡生产中过度依赖药物治疗，甚至依赖药物来保持鸡群健康和生产稳定的现象普遍存在，导致了病原耐药性问题日趋突出。

研究表明，易对药物产生耐药性的一些病原（如沙门氏菌、大肠杆菌、葡萄球菌、支原体、球虫等），其总体耐药性呈现逐步增强的趋势，耐药率越来越高，多重耐药毒株越来越多，所耐受的药谱也越来越宽。病原体的耐药性已经成为影响鸡病治疗及总体防治效果的重要问题之一。

（六）旧病不断以新面目出现，继续流行，潜在危害越来越大

一些危害养鸡生产的疾病，在养殖环境不断变化、疫苗接种程序不断改变、疫苗种类不断增加的情况下，不断以新面目出现而继续流行，为有效防治鸡病带来了许多障碍。

1. 疾病非典型化 如新城疫，对养鸡业的危害已持续了几十年，在近年来的养鸡生产中，其典型临诊症状已很少见，但其危害并未减少，取而代之的多为非典型新城疫。非典型新城疫虽然不会造成鸡群大量死亡，但可导致生产性能低下及免疫抑制，危害更大。非典型新城疫的大量出现与过分依赖、盲目使用疫苗及免疫鸡群感染强毒并维持循环是分不开的。

2. 病原体不断变异和进化

（1）新毒力型不断出现，毒力日益增强 如马立克病毒，已经历了温和毒、强毒、超强毒和特超强毒的演变过程，并将继续演变下去。

（2）新致病型不断出现，疫情日趋复杂 如传染性支气管炎，相继出现了呼吸型、肾型、肌肉型和生殖型等症状和病变，并且形成了多类型并存的复杂局面。

（3）新变异株出现，削弱了疫苗保护力，并引起感染而发生免疫抑制，危害更大 如传染性法氏囊病病毒变异株，可突破传

染性法氏囊病病毒血清Ⅰ型疫苗的保护，呈亚临诊型流行。变异株致病性虽然减弱，但能够引起感染而造成强烈的免疫抑制，危害极大。

（4）新基因型不断出现　如新城疫病毒，自被鉴定以来几十年内，在长期使用活疫苗的选择压力下不断发生变异。

新病不断出现，使鸡病防治难度越来越大；免疫抑制性疾病不断发生，使疫苗免疫效果越来越不理想；蛋传疾病普遍存在，使鸡群基础环境及鸡体基础体质越来越差，感染机会越来越多，抗病能力越来越低；混合感染、继发感染病例频繁发生，使疫情越来越复杂化，有效防治措施的制定越来越难；病原体耐药性不断增强，使养鸡生产中传统地利用抗生素或化学合成药物来防治疾病、维持鸡群及生产稳定方法的效果越来越差，并进入了不合理用药的不良循环；病原体的变异与进化，使养殖者对鸡病的认识更加不足，防病治病办法越来越缺乏，甚至到了谈病色变的程度。

二、原因分析

（一）观念陈旧，防疫意识淡薄，重养轻防

养鸡业发展初期，养殖环境好，疫病相对轻微，危害不明显。随着养鸡业的不断发展，疫病流行也日趋复杂、其危害也日渐突出，但由于强大的市场拉动，养殖生产即使是在疫病频发的情况下，仍然有利可图，至今尚未将防疫问题放到生产的关键位置，重养轻防现象十分普遍。

我国养鸡业以农村农户散养为主，饲养条件简陋，饲养观念陈旧，管理粗糙，导致鸡群基础体质、基础免疫力差，免疫效果及抗病能力也就大大降低，而且随着养鸡业的发展，养鸡环境日益恶化，加上不合理地盲目使用疫苗，养鸡环境中野毒普遍存在，最终导致鸡病对养鸡生产的危害越来越严重。

许多养殖户在选择雏鸡时，只看价格，不注重质量，不注重种鸡净化程度，从而造成鸡群健康基础、体质基础差，易感染疾病。

（二）知识缺乏、基础差，防疫盲目、水平低

由于是以农村农户散养为主，大部分养殖主体缺乏相关知识、基础差，对鸡病防疫比较盲目、水平低。非疫区禁用（或慎用）的疫苗盲目使用，具有较强散毒性的疫苗盲目使用、盲目给鸡饮水，免疫剩余的疫苗液怕浪费倒进水槽让鸡饮水；用过的疫苗瓶随手乱扔等，尤其是一些所谓的养殖小区，仅仅做到了集中饲养，并未做到统一管理，问题更多、更严重。

（三）所有制多元化，多种方式并存，养鸡总体生产水平低

养殖业多元化，即国家、集体、个人三种方式同在，大、中、小型养殖企业与农村农户散养并存，是我国养殖业的另一特点。造成的养殖主体众多、规模不一、防疫技术参差不齐，导致防疫水平差距极大。分布于广大农村的中、小型养殖企业和农村散养的农户防疫能力较低，是疫病易发、多发地区，而且由于产品市场流通及必不可少的同行间多方位频繁沟通、交流，使位于城郊、疫病控制相对较好的大、中型养殖企业的鸡群，也随时受到来自于广大农村养鸡环境中病原感染的威胁。

另外，种鸡养殖企业多元化，在目前我国对种畜禽企业的检疫、验收、发放种畜禽合格证等方面尚未做到十分规范，在相关法规条例执行不力的情况下，那些防疫意识淡薄、技术力量薄弱、种鸡群净化不利、种鸡免疫效果差、无能力为广大养殖者提供合理的免疫程序和强大技术支持的种畜禽养殖企业，他们推广到社会上雏鸡的健康基础与体质基础都较差，养殖过程中疾病发生率也非常高，而且由于其管理、防疫费用低廉造成雏鸡价格也

低，在某些密集养鸡地区很受养殖户欢迎，尤其是在鸡蛋市场不好、养鸡效益低时更是如此。

（四）养鸡业与国民经济总体生产力水平相适应

目前，我国国民经济总体生产水平还相对较低，作为组成部分之一的养鸡业，其生产机械化、饲养管理现代化和防疫科学化程度都比较低，所发展起来的养鸡业必然受到疫病的困扰，尤其在广大养殖主体观念陈旧、不重视疫病防治或疫病防治知识、技能缺乏、盲目养殖的情况下更是如此。

（五）相关条例、法规内容缺陷及执行不力

我国所制定的相关条例和法规与国际兽医局（OIE）有关内容存在一定偏差，对疾病的防治对策存在偏差，最终导致防治效果也存在偏差。另外，相关法制不十分健全、配套法规不完善，不利于相关条例、法规的具体执行。况且，有些相关部门执法意识淡薄，对一些确实应该严格按条例、法规处理的事情（如检疫、种鸡企业验收等）只是例行手续、走走过场，有法不依、执法不力的现象仍然存在。

在原计划经济体制下建立起来的兽医防疫机构、检疫体系，未能及时调整发展策略、采取并执行与市场经济相适应的措施，在市场经济条件下显得无能为力，不能正常发挥作用。同时，在市场经济的冲击下，一些相关部门把主要精力集中在经营、销售疫苗和兽药上，抓创收、抓效益，却忽略了防疫、检疫工作，难以系统地研究和防治不断出现的新疫情，这也是疾病防治执法不力的重要原因之一。

（六）防治对策不当，不重视综合防治与生物安全措施

与养殖发达国家相比，我国疾病防治对策存在一定缺陷。过分依赖疫苗、药物，而不重视综合防治与生物安全措施。

1. 疾病防治对策缺陷　我国针对不同疾病所采取的措施与国际养鸡发达国家相比有很大区别，存在一定误区（表1-1）。

表1-1　防治对策比较

疾病	中国	养鸡发达国家
A类疾病	疫苗＋综合防治	扑杀＋生物安全
蛋传疾病	疫苗＋药物	种鸡净化＋生物安全
其他疾病	疫苗＋药物＋综合防治	生物安全＋疫苗与药物

由表1-1可以看出，针对同一疾病，养鸡发达国家采取的防治策略与我国有质的区别，突出表现为发达国家倾向于从根本上解决，而我国则注重表面防治，过分依赖疫苗和药物。

2. 过分依赖疫苗带来的问题

（1）疫苗能够阻止发病，但不能阻止强毒感染与传播，所以疫苗在一定程度上控制了某些疾病的暴发流行，但也造成了普遍而严重的强毒感染。

（2）即使利用疫苗进行免疫，也可能造成免疫失败，主要原因包括：①任何免疫鸡群都不能得到100％的保护；②母源抗体的干扰；③病原体血清型的变异、毒力变异，抗原漂移或漂变；④感染免疫抑制性疾病；⑤疾病多是各种致病因子相互作用的结果，普遍适用的免疫程序是不存在的；⑥鸡群免疫密度大，疫苗间免疫相互干扰；⑦疫苗质量不过关，免疫方法不当，免疫时机不适等。

（3）疫苗有副作用，使用疫苗也存在潜在风险：①弱毒疫苗毒力会返强；②中等毒力活疫苗会造成免疫抑制或引起发病；③新城疫、传染性支气管炎等活疫苗能诱发呼吸道疾病；④非SPF胚制备的疫苗可散播蛋传疾病，也可提高免疫抑制性疾病的流行程度。

3. 过分依赖药物导致的问题

（1）不合理用药使病原体的耐药性不断加强，用药效果越来越差，用药成本越来越高，养殖效益越来越低。

（2）药物残留严重，威胁人类健康，影响出口贸易。

（3）经常性、长时间不合理用药能够破坏机体肠道正常菌群，使机体对疾病的易感性增加。

4. 造成过分依赖疫苗和药物的原因

（1）养鸡业发展初期，养殖环境好、疾病种类少、病因单一，应用疫苗和药物效果显著，养鸡主体及疾病防治从业人员便形成了疫苗和药物万能的观念。随着养殖业不断发展、环境流行越来越复杂，对疫苗和药物的依赖性也就越来越强。

（2）疫苗和药物的作用被过分夸大，尤其是一些生产者或销售人员受利益驱使，夸大宣传，误导养殖主体及相关从业人员。

（3）许多基层疾病防治从业人员的专业素质有限，不了解或认识不到综合防治与生物安全措施的重要作用，为了防治日益增多的疾病，只好借助于疫苗和药物。

第二章 鸡场疾病诊断方法

一、鸡场疾病的诊断

鸡场基本情况的调查与分析，是疾病诊断的重要一环。根据鸡场疾病的发生、发展规律和鸡的生理特征，将鸡病的临诊诊断分为流行特点调查、鸡群和个体症状的观察及病理解剖 3 个方面。由于鸡病的复杂性和症状类同性，一般来说，通过鸡场临诊诊断只能作出初步诊断，要确诊还需依靠实验室方法。

（一）流行特点调查

流行病学调查侧重了解病史方面的情况，而以诊断为目的的调查则既包括病史、防疫情况，也包括对疾病症状的观察。通过流行病学调查，为疾病的诊断提供了依据。下面以诊断性调查为主，介绍流行特点调查的主要内容。

1. 现症及其发展过程 主要询问何时发病、病鸡的日龄、发病的症状、疾病的传播速度等情况，借以推测疾病是急性还是慢性、是细菌性还是病毒性以及怀疑是什么病。用抗生素类药物治疗后如果症状减轻或迅速停止死亡，可提示是细菌性疾病；如果突然大批发病死亡，可提示是中毒疾病。

2. 病史与疫情

（1）了解发病鸡群过去发生过什么重大疫情，有无类似疾病发生，其经过及结果如何等情况，借以分析本次发病与过去发病的关系。如过去发生过鸡霍乱、鸡传染性喉气管炎，而又未对鸡舍进行彻底消毒，鸡也未进行预防注射，可考虑是旧病复发。

（2）调查附近家鸡养殖场的疫情情况。如果这些场、户的家鸡有气源性传染病，如鸡新城疫、鸡传染性支气管炎、鸡流感、鸡痘等病流行时，可能迅速波及全场。

（3）对引进种蛋、种鸡的地区进行流行病学情况调查，可以为本地区所发生的疾病提供诊断线索。有许多疾病是经蛋和种鸡传播的，如新进带菌、带病毒的种鸡与本地鸡混群饲养，常引起一些传染病的暴发。

3. 平时防疫措施落实情况　了解防疫制度及贯彻情况。有无严格的消毒措施，对病鸡预防接种疫苗的种类、接种时间及接种途径，是否进行过药物预防和定期驱虫等。由此来综合分析病因。

4. 饲养管理状况　主要了解饲养密度是否过大，通风是否良好，温度、湿度和光照是否适宜，饲料是否全价、有无发霉等，根据这些情况来找病因。

5. 产蛋鸡的产蛋量与肉用鸡的体重　可作为有无疫病的参考。如产蛋率下降，可考虑鸡新城疫、鸡传染性喉气管炎、支气管炎、鸡脑脊髓炎、败血支原体病、传染性鼻炎、产蛋下降综合征及温和性的鸡流感等。鉴别这些疾病需结合临诊、剖检和实验室化验等综合判定。如软皮蛋，常见于钙、磷的缺乏或比例失调和维生素 D 的代谢障碍。

（二）鸡群和个体症状的观察

对鸡病，尤其是重大疫病的诊断，最好到生产现场对鸡群进行临床检查，仅根据送检人员的介绍和对送检病死鸡的检测作出诊断，有时可能会误诊，因为送检人员介绍病鸡的症状和病变不一定准确和全面，且送检的病死鸡不一定有代表性。

1. 精神状态　鸡群会在同一时间有同样的条件反射。如喂料时每只鸡都抢着采食，突然的声响会使全部鸡同时抬头观望。观察鸡群内是否有异常姿态的个体，如缩头、垂翅、闭眼、咳嗽、甩鼻、肿脸及流涎等。

2. 采食量 产蛋鸡在开产后多为定量饲喂，排除高温影响，如果食欲减退，所喂饲料吃不完，说明产蛋鸡可能患病。

3. 饮水量 正常的饮水量是根据环境、气候、温度、禽的体重及日龄而定。天热饮水多，天冷饮水自然就少；如果在传染病的潜伏期，体温升高、代谢率也高时饮水量会突然增多，应及时添加降温药物。

4. 产蛋情况 是指产蛋率、蛋重、蛋壳颜色、蛋壳厚薄、蛋壳表面的光滑程度等是否正常。如果出现软壳蛋、薄壳蛋，褐壳蛋鸡产白色蛋，产蛋率非正常下降的，均属于病态，因为输卵管炎和许多病毒病均会导致产蛋异常。另外，饮水不足、维生素缺乏，也会导致产蛋异常。

5. 鸡冠 鸡冠代表鸡的整个血循环，健康鸡冠大而光亮，早晨颜色鲜红，随太阳光的变化而稍微变淡。患支原体病时，鸡冠尖变粉白色；感染球虫和原虫时，鸡冠尖和基部都有贫血的特点；患大肠杆菌病时，鸡冠变紫色。

6. 粪便 正常鸡粪软硬适中，没有恶臭味，有少量的白色尿酸附着物。传染性疾病发热期的粪便先稀而绿，如新城疫、马立克氏病、脑脊髓炎、禽霍乱、传染性支气管炎等；患球虫、法氏囊病的鸡粪便多呈黄色、白色；患组织滴虫病的鸡粪便呈硫磺色；患盲肠球虫病的鸡粪便呈红色、棕色；患中毒和小肠球虫病的鸡粪便则呈腹泻状、淡黄色。饲料是粪的来源，食青绿饲料的鸡，粪便呈淡绿色；食配合饲料的鸡，粪便多呈淡黄色、褐色。传染病初期，鸡粪便多是稀的，患伤寒和副伤寒、大肠杆菌病的鸡常有不自主的下痢，有白色的尿酸黏附肛门周围的羽毛。

（三）病理解剖

剖检的鸡要有代表性，即能代表目前鸡群中的主要疾病。一些弱残鸡没有代表性，仅是一些个案，不能代表大群鸡发病情况。因此，为了诊断的准确性，病理解剖应有一定的数量，一般应解剖5～10只病死鸡，必要时也可选择一些处于不同病程的病鸡进行解剖，然后对病理变化进行统计、分析和比较。

1. 病理剖检的方法 病理剖检的顺序应先观察尸体外表，注意其营养状况、羽毛、可视黏膜情况，而后用水或消毒药水将羽毛浸湿，再剥皮、开膛、取出内脏，逐项按剖检顺序作认真、系统的观察，包括皮肤、肌肉、鼻腔、气管、肺、食道、胃、小肠、盲肠、扁桃体、心脏、卵巢、输卵管、肾、法氏囊、脑、外周神经、胸腔和腹腔。剖检时，要做好记录，检查完找出其主要的特征性病理变化和一般非特征性病理变化，作出分析和比较。

2. 剖检病变与提示的疾病

（1）皮肤、肌肉 皮下脂肪小出血点多见于败血症。患传染性法氏囊病时，常见股内侧肌肉出血。患皮肤型马立克氏病时，皮肤上有肿瘤。剖检发现皮下水肿，水肿部位多见于胸腹部及两腿内侧，渗出液以胶冻样为主，渗出液呈黄绿或蓝绿色，为绿脓杆菌病、硒—维生素E缺乏症；渗出液呈黄白色为鸡霍乱；渗出液呈蓝紫色为葡萄球菌病。胸腿肌肉出血，出血为点状或斑状，常见疾病有传染性法氏囊病、禽霍乱、葡萄球菌病，其中表现为肌肉的深层出血多见于禽霍乱。另外，马杜霉素中毒、维生素K缺乏症、磺胺类药物中毒、黄曲霉毒素中毒、包涵体肝炎、住白细胞虫病（点状出血）也可见肌肉出血。

（2）胸腹腔 胸腹膜有出血点，见于败血症；腹腔内有坠蛋时（常见于高产、好飞栖高架的母鸡），会发生腹膜炎；卵黄性腹腔炎与新城疫、禽流感、鸡沙门氏菌病、大肠杆菌病、禽霍乱和禽葡萄球菌病有关；雏鸡腹腔内有大量黄绿色渗出液，常见于硒-维生素E缺乏症。

（3）呼吸系统 鼻腔（窦）渗出物增多多见于鸡传染性鼻炎、鸡毒支原体病，也见于禽霍乱和禽流感。①气管：气管内有伪膜，为黏膜型鸡痘；有多量奶油样或干酪样渗出物，可见于鸡的传染性喉气管炎和新城疫。管壁肥厚，黏液增多，见于鸡的新城疫、传染性支气管炎、传染性鼻炎和鸡毒支原体病。气管、喉头病常为黏膜充血、出血，气管、喉头有黏液等渗出物，主要见于呼吸系统疾病。黏膜充血，气管有渗出物为传染性支气管炎病变。喉头、气管黏膜弥漫性出血，内有带血黏液为传染性喉气管炎病变。气管轮环黏膜有出血点为新城疫病变。败血性支原体、传染性鼻炎也可见到呼吸道有黏液渗出物等病变。②肺：雏鸡肺有黄色小结节，见于曲霉菌性肺炎；雏白痢时，肺上有1～3毫米的白色病灶，其他器官（如心、肝）也有坏死结节；禽霍乱时，可见到两侧性肺炎；肺呈灰红色，表面有纤维素，常见于禽大肠杆菌病。③气囊：壁肥厚并有干酪样渗出物，见于鸡毒支原体病、传染性鼻炎、传染性喉气管炎、传染性支气管炎和新城疫；附有纤维素性渗出物，常见于禽大肠杆菌病；腹气囊卵黄样渗出物，见于传染性鼻炎。

（4）消化道　食道、嗉囊有散在小结节，常见于维生素缺乏症。腺胃黏膜出血，多发生于鸡新城疫和禽流感；鸡马立克氏病时见有肿瘤。肌胃角质层表面溃疡，在成年鸡多见于饲料中鱼粉和铜含量太高，雏鸡常见于营养不良；创伤，常见于异物刺穿；萎缩，发生于慢性疾病及日粮中缺少粗饲料。小肠黏膜出血，见于鸡的球虫病、鸡新城疫、禽流感、禽霍乱和中毒（包括药物中毒）及火鸡的冠状病毒性肠炎和出血综合征；卡他性肠炎，见于鸡的大肠杆菌病、鸡伤寒和绦虫、蛔虫感染；小肠坏死性肠炎，见于鸡球虫病、禽厌氧菌感染；肠浆膜肉芽肿，常见于禽慢性结核、鸡马立克氏病和禽大肠杆菌病；雏鸡盲肠溃疡或干酪样栓塞，见于雏鸡白痢恢复期和组织滴虫病；盲肠血样内容物，见于鸡球虫病；盲肠扁桃体肿胀、坏死和出血，盲肠与直肠黏膜坏死，可提示为鸡新城疫。肠道出血是许多疾病急性期共有的症状，如新城疫、传染性法氏囊病、禽霍乱、葡萄球菌病、链球菌病、坏死性肠炎、绿脓杆菌病、球虫病、禽流感、中毒等疾病。

盲肠病变主要为盲肠内有干酪样物堵塞，这种病变提示的疾病有盲肠球虫病、组织滴虫病、副伤寒、鸡白痢。新城疫可见黏膜乳头或乳头间出血；传染性法氏囊病、螺旋体病多见肌胃与腺胃交界处黏膜出血。导致腺胃黏膜出血的疾病还有喹乙醇中毒、痢菌净中毒、磺胺类药物中毒、禽流感、包涵体肝炎等。

（5）心脏　心肌结节，主要见于大肠杆菌肉芽肿、马立克氏病、鸡白痢、伤寒、磺胺类药物中毒。心冠脂肪有出血点（斑），可见于禽霍乱、禽流感、鸡新城疫、鸡伤寒等急性传染病，磺胺类药物中毒也可见此症状。心肌坏死灶，见于雏鸡和大、小火鸡的白痢，鸡的李氏杆菌和弧菌性肝炎。心肌肿瘤，可见于鸡马立克氏病。心包有混浊渗出物，见于鸡白痢、鸡大肠杆菌病、鸡毒支原体病。

（6）肝脏　一般肝脏的病变具有典型性。烈性病时，示病变化还未表现。肝脏病变可以区分是以病毒性疾病还是细菌性疾病为主，一般肝脏具有坏死灶多由细菌引起，而出血点多由病毒引起。导致肝脏出现坏死点或坏死灶的疾病有禽霍乱、鸡白痢、伤寒、急性大肠杆菌病、绿脓杆菌病、螺旋体病、喹乙醇中毒、痢菌净中毒等。导致肝脏有灰白结节的疾病有马立克氏病、禽结核、鸡白痢、白血病、慢性黄曲霉毒素中毒、住白细胞虫病。此外，注射油苗也可引起此类病变。结节显著肿大时，见于鸡急性马立克氏病和禽淋巴性白血病；有大的灰白色结节，见于鸡急性马立克氏病、禽淋巴性白血病、鸡组织滴虫病和禽结核；有散在点状灰白色坏死灶，见于包涵体肝炎、鸡白痢、禽霍乱、禽结核等；肝包膜肥厚并有渗出物附着，可见于肝硬变、禽大肠杆菌病和鸡组织滴虫病。

（7）脾脏　有大的白色结节，见于鸡急性马立克氏病及禽的淋巴细胞性白血病和禽结核；有散在微细白点，见于鸡的急性马立克氏病、鸡白痢和禽的淋巴细胞性白血病、禽结核；包膜肥厚伴有渗出物附着及腹腔有炎症和肿瘤时，见于鸡的坠蛋性腹膜炎和马立克氏病。

（8）卵巢　产蛋鸡感染沙门氏菌后，卵巢发炎、变形或滤泡萎缩，卵巢水泡样肿大，见于鸡急性马立克氏病和禽淋巴性白血病。卵巢的实质变性见于流感等热性疾病。

（9）输卵管　输卵管内充满腐败的渗出物，常见于禽的沙门氏菌病、鸡大肠杆菌病；由于肌肉麻痹或局部扭转，使输卵管充塞半干状蛋块；输卵管萎缩则见于鸡传染性支气管炎和减蛋综合征；输卵管有脓性分泌物多见于流感。

（10）肾脏　肾显著肿大，见于鸡急性马立克氏病和禽淋巴细胞性白血病及肾型传染性支气管炎；肾内出现囊泡，见于囊泡肾（先天性畸形）、水肾病（尿路闭塞），在家禽的中毒、传染病后遗症中也可出现；肾内白色微细结晶沉着，见于尿酸盐沉着症，表现为输尿管膨大，出现白色结石，多由中毒、维生素A缺乏症、痛风等疾病所致。导致肾脏功能障碍的疾病均可引起输尿管尿酸盐沉积，如痛风、传染性法氏囊病、维生素A缺乏症、传染性支气管炎、鸡白痢、螺旋体病和长期过量使用药物。

（11）睾丸　萎缩、有小脓肿，见于鸡白痢。

（12）腔上囊（法氏囊）　增大并带有出血和水肿，发生于传染性腔上囊病的初期，然后发生萎缩；全身性滑膜支原体感染、患马立克氏病时，可使腔上囊萎缩；禽淋巴细胞性白血病时，腔上囊常有稀疏的直径2～3毫米的肿瘤。此外，中毒也可以导致法氏囊出血性变化，如马杜霉素中毒。

（13）胰脏　雏鸡胰脏坏死，发生于硒—维生素E缺乏症；点状坏死，常见于流感和传染性支气管炎。

（14）神经系统　小脑出血、软化，多见于幼雏的维生素缺乏症；外周神经肿胀、水肿、出血，见于鸡马立克氏病。

（15）腹水　常见病有腹水症、大肠杆菌病、黄曲霉毒素中毒、硒-维生素E缺乏症、鸡白痢、副伤寒、卵黄性腹膜炎。

临床上由于疾病性质、疫苗或药物使用等条件的影响，同一疾病在不同条件下的症状也随之发生变化，而且有的鸡群可能存在并发或继发疾病的复杂情况。因此，在临床诊断时应辩证地分析病理剖检变化。患鸡病变不是孤立存在的，要抓住重点病变，综合整体剖检变化，同时结合鸡群饲养管理、流行病学和临床症状综合分析，才可能作出正确的临床诊断，从而为控制疾病提供科学依据。

（四）实验室诊断

经过现场调查、临床和病理剖检后，一般可作出初诊。如确诊，则需经过实验室诊断，包括病原学、血清学和分子生物学诊断。

1. 病原学诊断 是最准确和最重要的实验室诊断，指从病、死鸡中分离到与疾病有关的病原微生物来确诊病例。

2. 血清学诊断 是利用特定抗体、抗原相互作用的原理，用已知的血清检验未知的病原，或用已知的病原检验未知的血清。常用方法包括血凝试验、血凝抑制试验、琼脂扩散试验、中和试验、补体结合反应、酶联免疫吸附试验、免疫荧光抗体技术及免疫放射技术等。

3. 分子生物学诊断 该技术具有特异性、敏感性和快速等优点，可根据需要和条件选择合适的方法进行诊断。

二、疾病的处置

疾病的处置是指鸡发生疾病后，根据诊断的结果对鸡群所采取的隔离、治疗、淘汰等各种对应的合理的、综合性措施，以尽快控制疾病的发展，使鸡群尽快康复或及时扑灭疫情，防止疫情扩散，减少损失。

（一）鸡病处置步骤和方法

当鸡群发生疾病或出现异常或死亡，应及时发现、诊断，并尽快采取防治措施，迅速处置。

（1）如果是非传染性疾病，应及时排除致病原因，加强鸡群饲养管理，病鸡隔离单独饲养，并采取对症治疗和辅助治疗等措施，使鸡只尽快康复。对无生产性能的鸡只，应尽快淘汰，避免更大的损失。

（2）如果是群发性的传染性疫病，应及时上报疫情，迅速采取综合性防治措施：隔离病鸡并及时将病死鸡从鸡舍取出，鸡场应尽早尽快减群。被污染的场地、环境、鸡笼及工具进行紧急消毒，严禁饲养和工作人员串舍，减少人为传播。病死鸡要深埋或焚烧，安全处理鸡粪和废弃物。粪便和垫料等其他废弃物一起堆积发酵，生产出无病原的有用的土壤改造物。病鸡既要进行及时合理的治疗，又要防治并发症和继发症；慢性传染病或无生产价值的鸡应及早淘汰，对全场受威胁尚未发病的鸡群，根据疫病性质作出相应的紧急疫苗接种或不接种，防止疫情扩散或避免疫情加重。停止向本场引进新鸡，并禁止向外界出售本场的活鸡及其他鸡产品，待疾病确诊后，再根据疫病的性质决定处理办法。

（3）如果是危害性大的疫病，如鸡新城疫、高致病性禽流感或者新发传染病，应严格执行国家相关的法律、法规和技术规范，按照重大动物疫病应急预案的要求，采取隔离、封锁、扑杀等综合性措施。封锁时应掌握“早、快、严、小”的原则，按有关规定扑杀时要坚决、果断、彻底，病死和扑杀的鸡、粪便及垃圾要进行无害化处理，将疫情控制在最小范围，防止扩散，迅速扑灭。同时，应做好人的防护，防止人感染，保护人的健康和安全。

（二）鸡病的治疗

治疗是综合性防治措施的一个组成部分，一方面为了控制疾病的发展，使鸡群尽快康复，减少损失；另一方面为了在某种情况下消除致病因子。鸡群发生疾病的治疗应考虑两个因素：一是治疗的效果和经济价值，如果预后不良或经济上不合算，则不予治疗，应尽快淘汰，避免更大的损失；二是鸡群发生重大疫病如禽流感，对周围的人、畜等造成严重威胁时，或者是一种过去没有发生过的危害性较大的新病时，为了防止疫情蔓延扩散，应在严密消毒的情况下进行淘汰，作无害化处理。

根据作用的对象将鸡病的治疗分为两类：一是针对致病因子的治疗，消除致病因子或者帮助鸡群杀灭或抑制病原体。如环境中氨浓度过高，应采取通风方法，药物中毒必须停止饲喂，某种营养物质缺乏，应立即在饲料或饮水中补充等；如是传染性疫病，就应用特异性制剂和药物，以提高机体特异性抵抗力和抑杀病原体。二是加强鸡群的饲养管理，改善饲养条件、补充营养等辅助治疗和对症治疗，帮助机体增强一般的抵抗力和调整、恢复生理机能。

鸡场环境控制与鸡群科学饲养管理

外界环境是鸡的生存条件，是鸡与外界不断进行物质和能量交换的场所。鸡依赖着外界环境进行生长、发育、繁殖，并为人类提供各种产品。在现阶段，由于高度的规模化、集约化养殖，鸡群常年保持高密度的饲养，为疾病的发生和传播创造了有利条件，给鸡群的饲养管理带来了严重的挑战。因此，从饲养管理入手，根据鸡的生物学特性，为鸡群提供一个良好的生长和繁育环境至关重要。

一、场址的选择和合理规划

选择合适的场址、合理规划、良好的饲养管理和健全的制度体系是鸡场环境控制和鸡病防治的基础和保证。

场址应选择地势高，供电和交通方便，远离交通要道、集贸市场、名胜古迹、居民区，远离其他禽类养殖场、屠宰加工厂的地方，同时要防止有害气体和城市污水的侵害以及传染性疾病的感染。水源要丰富、水质要好。大、中型鸡场合理规划建场，鸡场的设施应合理利用地势、气候条件、风向及分隔空间。养鸡场按照各个生产环节的需要，合理划分功能区，生产区和生活区必须严格分开，生产区内设净道和污道，有利于动物卫生防疫和鸡场废弃物的无害化处理，同时要便于人、鸡、设备和运输工具的流动。农村养鸡户建场要尽量远离村庄和禽类、鸟类栖息地，合理使用饲养场地。

二、影响规模化养鸡的环境因素

影响规模化养鸡的环境因素有很多，归纳起来主要有光、空气和水环境三大类。

1. 规模化养鸡的光环境 光照对禽类的生产影响甚大。在现代养鸡生产中，对光照的控制主要从光照时间、光照强度、光的颜色（光谱质量）和光照均匀性 4 个方面考虑。其中，光照时间控制主要采用长日照方法。除了种鸡、蛋鸡育成期采用 8～10 小时短日照光照调控外，其余的产蛋期大多采用 16～17 小时光照，肉仔鸡采用 23 小时光照制度。这种光照制度的应用，可以使鸡维持较高的生产性能，但在节能控制方面考虑较少。光照强度方面，因鸡对光照比较敏感，只要光照强度达到要求即可，因此采用节能灯也可满足要求。但在光照均匀性方面，在生产实际中普遍反映有较大影响，同一栋鸡舍，在光照较暗的地方，如安装湿帘的位置、鸡笼的下层等，在生产性能方面不如光照充足的地方。说明鸡舍的光照均匀性设计和管理有待进一步研究和加强。研究发现，光的颜色对鸡的产蛋率和蛋重方面有一定的影响，但在生产实践中的特殊应用还较少。

2. 规模化养鸡的空气环境 空气环境对现代养鸡生产的影响因素主要包括空气温度、空气湿度、空气成分（氧气浓度、有害气体浓度、粉尘浓度）、气流速度等。空气温度对鸡的健康和生产性能影响的研究较多，生产上应用也较直观，容易控制。空气湿度的控制主要是集中在冬季如何排除水汽和除湿上，对于春秋等气候干燥季节的湿度控制，目前重视不够。有迹象表明，春秋季节鸡舍空气干燥，粉尘浓度普遍升高，空气传播途径主要是通过携带病原菌粉尘的传播，导致春秋季节传染病难以控制和预防。在空气成分方面，有害气体和粉尘对鸡的健康与生产性能的影响问题是目前国际上的研究热点，如何减少有害气体的排放、降低粉尘的浓度、提供足够的新鲜空气和实施清洁生产，是现代养鸡生产中空气成分控制的关键问题。我国的养鸡设备和通风系统设计在解决舍内鸡群附近的新鲜空气需求方面考虑较少，有待进一步深入研究解决。在气流速度方面，我国鸡舍环境标准等在夏季鸡舍环境控制的参数偏低，近年来随着纵向通风系统的普及，在对舍内风速的要求方面有了新的认识，一般夏季鸡群附近的风速应在 1.5 米/秒以上为宜，这也是国外鸡舍环境控制的标准。

3. 规模化养鸡的水环境 目前，水环境对规模化养鸡的影响，主要注重在水的卫生学指标和供水量上，即主要关注水源状况。其他水环境因素，如水温、水分子簇结构、水活性因子等对鸡体内代谢、饲料转化、鸡体健康及生产性能等影响的研究还比较少。通过磁化水、电解水等对鸡的应用和消毒方面的研究表明，今后水环境调控可能是鸡舍环境控制的潜力所在。

三、建立生物安全体系

建立生物安全体系、落实生物安全措施是鸡病防治的前提，也是最便宜、最有效的鸡病防治措施。很多学者将鸡场的选址、规划、生产规模和科学的饲养管理制度（如全进全出）纳入生物安全体系。这里主要从隔离、清洗和消毒、检测与检疫、免疫 4 个方面阐述生物安全体系。

（一）隔离是鸡病防治的重要措施

1. 鸡场的位置、规划和建筑物的隔离功能 远离传染源，防止传染源通过各种途径污染环境，感染鸡群；场内的场地、建筑和设备便于清扫、清洗和消毒，保持良好的卫生环境。防止外面的禽类、鸟类、鼠类和其他动物进入鸡场。

2. 严格的人员控制 鸡场设置供工作人员出入的通道，并配置专用清洗和消毒设施，控制人员流动，尽可能减少不同功能区工作人员的交叉现象。杜绝一切外来人员的进入，尽可能谢绝参观访问。直接接触生产鸡群的工作人员应避免频繁进出鸡场，远离外界禽类，严禁带入禽肉及其他禽产品。对所有人员进行经常性的生物安全培训。

3. 严格的鸡群控制，引进病原控制清楚的鸡群　重点检测垂直传播的病原，甚至蛋壳传播的病原，主要针对禽白血病、鸡白痢、鸡产蛋下降综合征等，尽可能减少鸡群进入鸡舍前的病原携带，通过日常的饲养管理减少病原侵袭和增强鸡群抵抗力。贯彻“全进全出”的饲养方式，避免不同品种、不同日龄、不同来源的鸡群混养于一个鸡场或一个鸡舍。做好运输和转群过程中的隔离，防止操作中的污染和感染。

4. 饲料、饮水的控制　提供来源安全的充足全价营养饲料和合格的饮水，加强饲料和饮水的检测，防止饲料营养和饮水的缺乏等原因引发疾病，防止病原通过饲料和饮水进入鸡舍，污染环境，感染鸡群。

5. 其他控制　引进注明 SPF 和质量好的疫苗及其他生物制品，杜绝病原体污染疫苗进而感染鸡群。加强种蛋控制，勤集蛋，做好蛋箱、蛋托和蛋库的消毒，避免病原体污染鸡蛋。

（二）清洗和消毒是切断疫病传播途径的重要环节

消毒是指清除或杀灭环境中的病原微生物及其他有害病原体（如球虫、虫卵等），为鸡群提供一个良好的卫生环境，是切断疫病传播途径的重要环节。

1. 消毒设施　养鸡场大门口要设置消毒池（池宽同大门、长为机动车车轮 1 周半），内放适宜的消毒液，1～3 天更换 1 次，一切车辆须经消毒池方可进入鸡场。进场前一切人员都要在侧门消毒室更衣、换鞋，并经喷雾消毒。鸡舍门口设消毒池，进入生产区的工作人员必须更换场区工作服和工作鞋，通过消毒池进入鸡舍或工作间，严禁相互串栋。每天打扫鸡舍，保持饲槽和饮水器的干净和清洁卫生。

2. 鸡舍的清洗和消毒 "全进全出"生产方式的鸡场，在鸡舍排空时期和日常饲养管理过程中，要保持环境卫生，包括选用广谱消毒剂或根据特定的病原体选用对其作用最强的消毒剂，对鸡舍或鸡群进行消毒。其常规程序是：①清舍和清洗。当一批鸡转出鸡舍后，应及时进行清舍，首先需要清除鸡粪，再清扫屋顶、墙壁、棚架、垫网、鸡笼、饲槽、饮水设备、抽风设备及地面等，粪便及羽毛一定要彻底清扫干净，然后用高压水枪将其冲洗干净。②消毒。鸡舍和周围环境用不同消毒剂交叉消毒 2～3 次，再用清水冲洗鸡舍和设备。③器具消毒。与鸡群接触及饲养员所用的各种器具（如蛋箱、蛋盘、出雏盘、孵化器械、饲槽、饮水器、内部运输工具等）可用清水冲洗后，再用消毒药浸泡、喷洒、冲洗，然后清水冲洗。④熏蒸消毒。检查和维修鸡舍内所有设备可正常运转后，将鸡舍门窗封闭，用高锰酸钾、福尔马林熏蒸 12 小时以上，再打开门窗通风，并清理熏蒸物。⑤饮水消毒和带鸡消毒。用适宜的消毒剂、适当浓度作饮水消毒和带鸡消毒，前者每周 1～2 次，后者每天 1 次，且喷出的雾滴很细，使饮水、鸡舍、笼具、饲养场地、周围环境和工具的病原体含量降低，有效减少鸡群感染的机会。但饮水消毒和带鸡消毒要避开疫苗免疫接种。

3. 其他清洗和消毒 承运苗鸡、种蛋的工具，销售鸡、禽、蛋及其他禽产品的车辆和工具必须进行清洗和消毒。孵化厅、种蛋必须进行清扫、清洗和消毒，防止鸡群早期感染。鸡场内非生产场所及环境也应进行适当消毒，防止病原体污染鸡场。

4. 粪便、废弃物及污水的处理 粪便、垫料、污水、动物尸体以及其他废弃物被病原污染最严重，是主要传染来源，是疾病传播中最重要的控制对象，必须进行无害化处理。鸡的粪便和垫料必须在固定地点进行堆积发酵，死鸡必须焚烧或深埋，污水和其他废弃物必须进行适当处理，防止污染环境，造成疫病的发生和流行，危害公共卫生。

（三）检测与检疫

工作人员应定期进行健康检查，严禁患有人畜共患传染性疾病的人从事养鸡生产。加强进入鸡场的鸡、种蛋、疫苗等物品的检疫，防止其携带病原进入鸡场。做好鸡群的日常观察和病性分析，对鸡群定期进行健康状况检查及免疫状态检测；同时做好鸡群支原体、鸡白痢等垂直传播的病原体的净化，淘汰阳性鸡只或鸡群，降低鸡群的感染率。有条件或有必要的情况下，应对环境和物品清洗、消毒的质量进行检测，检验消毒效果。

(四) 合理免疫

鸡群免疫是养鸡场采取的主要措施，目的是在鸡体内建立坚强的抵抗力，防止疾病发生和流行。免疫接种是鸡的传染性疾病(包括部分寄生虫病）重要的防治措施，在控制多数传染性疾病，尤其是病毒性传染病的发生和流行过程中起关键性作用，但是免疫只能控制疫病的发生和流行，不能消灭疫病以及疫病病原。

鸡的免疫接种分为两种：一种是在经常发生某些传染病的地区，或者某些传染病潜在的地区，或经常受到邻近地区某些传染病威胁的地区，平时有计划地给健康鸡群进行的预防性免疫接种(即预防接种)。另一种是在某种传染病发生时，为了控制和扑灭疫病的流行，而对疫区和受威胁区尚未发病的鸡群进行的应急性免疫接种（即紧急接种)。紧急接种如果是在疫病的潜伏期内进行，有时可能产生严重的后果。

1. 疫苗接种方法　疫苗接种方法可分为群体接种法和个体接种法，前者包括饮水法、气雾法，后者包括注射、刺种、涂擦、点眼、滴鼻、滴口等。不同的疫苗、菌苗或虫苗，对接种方法有不同的要求，对于灭活苗一般只能使用注射法，而活疫苗可采用多种方法。养鸡生产常用的接种方法主要有以下几种。

(1) 注射法　是最常用的接种方法，主要包括肌内注射和皮下注射，适用于弱毒疫苗、灭活苗和类毒素。肌内注射法的部位在胸肌和大腿肌，皮下注射法的部位是在颈背部。多采用连续注射器，注射时要摇动疫苗瓶，使其均匀。注射器具要预先消毒，尤其是针头要消毒并准备充足，一个小群体内要适当更换针头，或者每10～20只鸡更换一根针头，避免针头被污染而传播疫病。注射法产生作用快，效果确实，但劳动量大，对鸡群造成应激大。

（2）饮水法　本法为弱毒疫苗最常使用的方法之一，适用于大型集约化鸡场。此法经口免疫接种，可减少应激，安全性好，方法简单，节省人力。使用此法应注意：①此方法可能造成疫苗大量损失，饮水不均可使免疫程度不齐，为确保每只鸡都能获得安全的剂量，疫苗剂量要适当放大2～3倍。②饮水免疫的设施要清洁、充足、分布合理，使每只鸡都能充分饮水，不能使用金属容器。③疫苗使用之前鸡群要适当断水3～6小时（具体时间要根据鸡群状态和舍温而定），疫苗稀释用水量要使鸡群1小时内饮完，确保鸡群每只鸡都能饮入足够的疫苗剂量。④稀释疫苗用水要清洁、无污染，最适宜是温开水，也可使用地下水。如用自来水，必须贮水静置一夜，以消除酸、碱、金属离子和消毒药物对疫苗的影响。⑤同时，在饲料和饮水中加入维生素A、维生素E或多维，以防免疫应激。⑥疫苗空瓶、稀释容器、饮水器等用具在免疫后要清洗消毒，残留液要作适当处理，避免疫苗毒株污染环境。

（3）点鼻、点眼　适用于弱毒疫苗。此法比饮水法准确可靠，是早期免疫的主要方法。根据免疫剂量计算疫苗稀释液（或注射用水）的量稀释疫苗，向眼内或鼻孔滴入1～2滴（0.03毫升/滴）。通过呼吸道黏膜或眼结膜使疫苗进入鸡体内，刺激机体产生局部或全身抗体。

（4）喷雾法　本法适用于弱毒疫苗二次免疫的大型鸡群，简便、快速。比饮水免疫效果好，它不仅可以产生较好的循环抗体，而且可以诱生局部免疫，有利于抵抗自然感染。将弱毒苗稀释后用适当粒度的气雾枪或喷雾器喷雾，喷洒距离为30～40厘米，鸡舍密闭20～30分钟，可使大群鸡只吸入疫苗，获得免疫。气雾免疫易激发呼吸道感染，尤其是呼吸道支原体感染，因此，有支原体感染的鸡群禁用喷雾免疫。

（5）刺种法　本法适用于新城疫Ⅰ系、鸡痘等疫苗接种。按规定剂量稀释疫苗后，用特定的器具在鸡的翼膜处穿刺，疫苗病毒在穿刺部位的皮肤上增殖（产生水疱，结痂脱落），产生免疫力。

（6）涂擦法　毛囊涂擦主要在鸡大腿外侧，如鸡痘疫苗的接种。肛擦法主要用于某些疫苗如毒力比较强的传染性喉气管炎疫苗，直接涂擦在泄殖腔黏膜上。接种后4～5天应检查局部反应，如无反应，应重新接种。

2. 制定合理的免疫程序　科学合理的免疫程序应该根据鸡场的具体情况拟订。其主要依据有：①免疫前对鸡只进行抗体监测，尤其是对雏鸡的母源抗体水平的测定，充分了解鸡群的真实免疫状态。②了解鸡群的健康状况。③了解养鸡场的规模、饲养方式、生产特点、综合防治水平。④确定鸡的日龄和个体大小，疫苗的品种、类型和接种方法。⑤掌握饲养管理和天气情况，避开转群、断喙、天气炎热等应激因素。⑥了解本地和周围环境及疫病流行情况。⑦免疫监测。在免疫接种疫苗后，还应进行免疫监测，以确定免疫效果，检验免疫程序是否科学合理，尤其是大型集约化养鸡场，必须进行定期的免疫监测，不仅可以检测免疫效果，而且为是否需要再次进行全群免疫接种提供依据，确保生产安全。

在制定免疫程序时，还应该考虑到鸡的3个年龄阶段：①育雏期，受高水平母源抗体的保护，谨慎选择首免日龄。②育成期，受主动获得性免疫力的保护，其抗体水平的消长与很多因素有关。③产蛋期，为了避免产蛋高峰期免疫给产蛋造成影响，产蛋之前的免疫不仅要确保整个产蛋周期鸡群受到免疫保护，而且确保种母鸡通过种蛋传递母源抗体给后代，使之抵抗病原体的早期感染。

不同地区、不同鸡场、不同鸡群、不同品种等，其免疫程序是不同的。因此，要制定出一个完整的所有情况都适用的免疫程序是困难的。但必须遵循下列一般原则：①以达到免疫效果为目的选择疫苗品种和类型。②根据免疫状态增减免疫次数。③免疫方法要做到节省人力，并减轻鸡的应激反应。④疫苗的使用要精确、节约。

3. 影响免疫效果的因素

（1）鸡群健康状态　当鸡群受到免疫抑制性的致病因子（如传染性法氏囊病病毒、马立克氏病病毒、网状内皮组织增生病病毒、腺病毒、球虫等）侵袭时，鸡的体液免疫或细胞免疫器官受到损害，导致免疫机能障碍，对疫苗接种的应答反应性降低，出现免疫抑制现象，造成鸡群对多种疾病的易感性增高。越是早期感染，这一表现越明显。鸡群营养水平不全面，某种营养物质（如蛋白质、维生素等）缺乏、中毒（如黄曲霉菌毒素等）、氨浓度高和疾病等都会影响鸡体各种激素的浓度和抗体的生成，从而导致机体免疫系统机能下降。

（2）环境因素　当鸡群所处的环境不良或受到经常性的应激（如转群、天气骤变等）时，可能干扰机体的免疫器官对接种疫苗的免疫应答反应，从而影响免疫效果。饲养环境被强毒株或变异株污染时，致病性微生物大量存在，尤其是早期环境污染导致的鸡群感染，即使接种疫苗，也会在抗体产生之前或中和免疫抗体，或交叉保护能力低，引起疫病发生和流行。

（3）病原体　由于生物安全体系不完善，饲养环境中存在强毒，或病原体变异，导致疫病的发生或免疫效果差。

（4）疫苗因素　疫苗的生产、贮存和运输存在漏洞，引起疫苗质量低劣，没有根据当地疫病流行情况对症选用疫苗毒株类型，没有根据鸡群的日龄选用适宜的疫苗，疫苗使用不当（如接种方法、稀释液及浓度、饮水免疫的水质等）易造成疫苗免疫实际效果差或免疫失败。

（5）免疫程序不当　没有根据鸡群抗体消长规律、监测结果或流行病学情况适时接种疫苗，可能因母源抗体水平高而干扰疫苗免疫，无法产生提供保护的免疫力；同时接种多种疫苗产生干扰，影响免疫应答；或者抗体水平低、疫苗接种迟，导致在疫苗接种产生提供保护的免疫力之前就已经被病原体侵袭，造成疫病流行。

其他因素，如饲养管理不善、消毒剂使用不规范、药物的使用等都可能影响疫苗免疫效果。在饲养管理和疾病防治过程中要加以注意，避免上述因素的存在，确保免疫效果。

第二篇

鸡场疾病防治

鸡场常见病毒性传染病的防治

一、新城疫

鸡新城疫（Newcastle Disease，ND）是由病毒引起的一种主要侵害鸡和火鸡的急性、烈性、高度接触性传染病，常呈败血症经过。主要特征是呼吸困难、下痢、神经紊乱、黏膜和浆膜出血。

本病于1926年首次发现于印度尼西亚，同年在英国新城也发生流行，因此命名为鸡新城疫，又名亚洲鸡瘟或伪鸡瘟，在我国俗称“鸡瘟”。本病分布于世界各地，1928年我国已有本病的记载。目前，本病对我国中小型鸡场和农村养鸡业危害尤为严重。

［病原］鸡新城疫病毒（NDV）系副黏病毒科腮腺炎病毒属。主要生物特性是能吸附于鸡、火鸡等禽类及某些哺乳动物的红细胞表面，引起红细胞凝集。病毒的毒力与抗原的变异漂移、宿主易感性和外界条件等有关。本病毒对热、光等物理因素和酸碱等有较强的抵抗力，对乙醚、氯仿敏感。

［流行病学］鸡新城疫病毒可以感染很多家禽和鸟类，其中鸡最易感。不同日龄鸡均可感染该病，幼雏和中雏易感性最高，可导致较高的发病率与死亡率。

本病的主要传染源是病鸡及在流行间歇期的带毒鸡，主要传播途径是呼吸道和消化道。最初以空气传播为主，通过鸡蛋、创伤、交配、外寄生虫、饲料、饮水、机械及人等可直接或间接接触传播。

本病一年四季均可发生，在农村以春秋两季较多。发病率高低取决于不同季节的管理水平。中小型鸡场多发生于30日龄前后、青年鸡和产蛋后期，这与其免疫状态有关。死亡率与病毒毒力、鸡群的日龄、免疫状态、环境和健康状态等因素有关。易感鸡群一旦被速发性嗜内脏型鸡新城疫病毒传染，可迅速传播呈毁灭性流行，发病率和致死率高达90%以上。近几年，由于免疫抑制和免疫程序不当等因素，常有免疫鸡群发生鸡新城疫，多呈现非典型症状和病变，其发病率和死亡率不高。

［**症状**］潜伏期的长短、发病程度与感染病毒数量、毒株的强弱、感染途径、感染鸡日龄、有无并发继发感染和鸡体抵抗力有关。自然感染潜伏期2～5天。最急性型的鸡病程极短，一般无明显症状，迅速死亡。多见于流行初期和雏鸡。

多数典型的急性病例所表现的症状：先是呼吸系统、消化系统的症状，时间稍长又出现神经症状。病鸡先为精神委顿，体温升高，全身无力，行动迟缓，羽毛松乱，翅膀和尾巴下垂，冠和肉髯变成青紫色、黑色，头部、面部和肉髯肿大，眼睛半闭或打瞌睡，食欲先是减少，以后完全废食。病鸡咳嗽，张口，伸颈，呼吸困难，呼吸时发出“咕噜”声。口腔和鼻腔中蓄积多量黏液，常做吞咽和摇头动作。嗉囊内充满气体和液体，将病鸡倒提时，口中流出液体。病鸡下痢，排出黄色、绿色或灰白色恶臭稀粪，有时混有血液。发病的非典型病例多见，非典型症状多表现为呼吸困难、甩头、张口呼吸等症状，产蛋鸡主要出现产蛋量下降。这些症状与其他一些呼吸道疾病如传染性支气管炎、传染性喉气管炎及慢性呼吸道病等病的症状很相似，给本病的诊断增加了一定难度。

病程稍长的亚急性和慢性型病例，多见于免疫接种质量不高或免疫有效期末的成年鸡群。常出现神经症状，运动不协调，头颈向一侧或背后扭曲，有的病鸡行走时转圈或后退，有的病鸡翅膀或两腿瘫痪。病程一般在7～20天以上，绝大部分病鸡死亡；少数耐过病鸡出现后遗神经症状不能痊愈。

产蛋鸡主要表现为产异常蛋，产蛋率急剧下降乃至停止；疫情稳定后1个月才能恢复到发病前的80%。

近几年，在接种新城疫疫苗的鸡群中，常出现非典型新城疫，主要表现为神经症状，不出现典型新城疫的临床症状，但影响生长发育和产蛋。

［剖检变化］ 主要病变是全身黏膜和浆膜出血，淋巴系统肿胀、出血或坏死，尤其以消化道为明显。腺胃的变化具有特征性，主要在黏膜的乳头顶部出血，严重时形成溃疡；有时可见腺胃和肌胃交界处黏膜出血，肌胃的角质膜下也常有出血点。盲肠和小肠黏膜出血，盲肠扁桃体肿大、出血和坏死。心冠脂肪出血。气管充血、出血，内有大量黏液，周围组织水肿。产蛋鸡卵黄破裂，流入腹腔，引起腹膜炎病变。其他器官以充血为主，少量出血，但无明显特征性。非典型新城疫病死鸡可见腺胃孔头有少数陈旧出血点，直肠黏膜和盲肠扁桃体多见出血。

［诊断方法］

（1）临床诊断　通过流行病学、临床症状和病理变化进行综合分析，可作出初步诊断。鉴别诊断主要是与引起呼吸道症状的其他病毒感染（如禽流感、传染性喉气管炎病、传染性支气管炎等）、细菌感染（如禽霍乱、鸡慢性呼吸道病等）、中毒引起的疾病区别；与引起神经症状的鸡马立克氏病、禽脑脊髓炎、维生素缺乏等疾病相区别。

（2）实验室诊断

1）血清学方法　实验室测定血清中新城疫抗体的方法有很多种。养鸡生产上最常用的方法是血凝抑制试验（HI），该方法既可作为诊断新城疫的简单方法，又可用于鸡群新城疫免疫状态的监测。如果HI值均低于4，说明鸡群免疫状态差，易被新城疫病毒感染，属危险情况，必须立即进行免疫接种；若HI值均高于 8，说明鸡群免疫状态良好，对一般毒力的新城疫病毒感染能够提供保护；若 HI 值参差不齐，则说明鸡群疫苗免疫效果差或者正在或已受到新城疫病毒的感染。

2）病毒分离和鉴定　采集病料经处理后接种 9～10 日龄非免疫或 SPF 鸡胚，5～7 天后取鸡胚尿囊液进行血凝试验，并进一步做血凝抑制试验进行病原特异性鉴定。

3）新城疫病毒毒株毒力和变异的检查，应用致病性试验和鸡胚（细胞）中和试验检测新城疫病毒毒株的变异和毒力。

[**防治对策**] 很多国家要求，一旦发生本病，采取隔离封锁、扑杀销毁感染群和受威胁群，以消灭感染。在新城疫流行的国家和地区，防治新城疫是一项十分艰巨和复杂的任务，措施有两方面：一是采取严格的生物安全措施，防止新城疫病毒强毒进入家禽群；二是免疫接种，提高禽群的特异免疫力。

（1）严格执行综合性防治措施　在我国按照国家有关法律、法规和规范，为防止易感禽被感染，必须采取综合性防治措施，包括加强饲养管理和生物安全控制措施。

（2）免疫接种　是我国防治新城疫的重要措施，可提高鸡的特异性免疫力，减少新城疫病毒强毒的传播，降低新城疫造成的损失。

1）疫苗种类和免疫方法　新城疫疫苗有两类，一类为弱毒活苗，另一类为灭活疫苗。弱毒苗有中等毒力的Ⅰ系、Ⅱ系、Ⅲ系和低等毒力的Ⅳ系（LaSota 系、克隆 30）等。免疫方法有点眼、滴鼻、注射、饮水和气雾。在养鸡生产中多采用低毒力的弱毒苗和灭活苗，很少用中等毒力活疫苗。育雏、育成鸡群发生非典型新城疫，早期可紧急接种活疫苗和油乳剂灭活苗，一般经 5～10 天鸡群即可恢复。

2）免疫程序　鸡群免疫程序的制定要结合免疫监测的抗体水平、鸡的品种、日龄、疫苗种类、健康状况、环境条件，并且要结合本地、本场的疫情发生情况。鸡场、鸡的品种和时间不同，其免疫程序不同。大中型鸡场可以通过新城疫抗体水平监测，选择适宜的日龄和疫苗种类。

下面的新城疫免疫程序可以作为参考：

根据日龄将新城疫免疫分为三个阶段：第一阶段是育雏期，适合快速型肉鸡；第二阶段是育成期，适合慢速型肉鸡和作肉鸡食用的土鸡；第三阶段产蛋期，适合种鸡和产蛋鸡。

第一阶段：①7、20日龄作二次Ⅳ系（或克隆30）饮水或滴鼻、点眼；②1日龄Ⅳ系（或克隆30）饮水或滴鼻、点眼，同时注射0.3毫升灭活苗。

第二阶段：45日龄注射0.5毫升灭活苗作加强免疫。

第三阶段：产蛋前120日龄用0.5毫升灭活苗注射免疫。

（3）疫情处置　本病无特效药可治。应用抗病毒药物、中药或偏方治疗有一定的效果；应用抗生素类药可以减少并发症，降低死亡率。鸡群一旦发生本病，应立即淘汰病鸡，焚烧或深埋死鸡。成年产蛋鸡一般不进行紧急预防注射也能耐过，雏鸡或育成鸡可以采取紧急预防免疫措施，可降低发病率和死亡率，终止疫情。

二、禽流感

禽流感（Avian Influenza，AI）是由病毒引起的一种主要侵害禽类的急性高度致死性传染病。主要特征是呼吸困难致全身败血症等多种疾病症状。本病可以感染人和其他哺乳动物，如猪、老虎等。

1878年本病在意大利首次报道，被称为欧洲鸡瘟或真性鸡瘟。1955年证实本病由A型禽流感病毒引起，1981年在第一次国际禽流感会议上将其正式命名为禽流感。目前，在全世界许多国家和地区都发生过本病，给养禽业造成了巨大的经济损失。

［**病原**］禽流感病毒（AIV）为正黏病毒科流感病毒属的A型流感病毒。根据血凝素（HA）和神经氨酸酶（NA）的抗原

特性，将A型流感病毒分成不同的亚型：15种特异的HA亚型和9种特异的NA亚型。这两种亚型的抗原易产生变化，而产生抗原性的变异体，同类病毒之间的基因重排可产生高致病性毒株。H5和H7亚型某些毒株（以H5N1毒株和H7N7毒株为代表）致病力强，其所引起禽的疫病称为高致病性禽流感(HPAI)。近两年由于环境污染，流行比较严重的H9亚型某些毒株（以H9N2毒株为代表）属于低致病力，低致死率的流感病毒。H9亚型致病鸡群后，鸡群死亡率和损失程度与继发大肠杆菌病的程度相关。

A型禽流感病毒是有囊膜病毒，对化学和环境的抵抗力低，常规消毒剂或加热就可将其杀死。

[流行病学] 禽流感病毒能感染多种家禽和野禽，其中鸡和火鸡最易感。各种日龄和品种的禽类在高致病力毒株感染时均表现为发病急、传播快，发病率和死亡率可达100%。

本病的主要传染源是病禽和带毒禽类（如家禽、野禽、候鸟）。主要传播途径是呼吸道、消化道、皮肤损伤和眼结膜等，吸血昆虫、空气、饲料、饮水、用具及候鸟的迁徙均可传播；病鸡的蛋可带毒传播，致使出壳后的幼雏大批死亡。从世界范围禽流感发生的情况来看，禽流感的传播、发生、发展存在不确定性。

本病一年四季均可发生，但因为该病毒在低温条件下抵抗力较强，且夏秋禽舍通风良好、环境中病毒数量少，所以冬季和春季多发。

[症状] 本病潜伏期为几个小时到几天不等，最长21天，通常3～5天。由于家禽的种类、日龄、免疫状态及有无并发症、病毒株和外界环境条件的不同，禽流感病毒感染家禽后所表现的症状也有很大的差异。常突然暴发，初期急性病例一般无症状就突然死亡；随后可见病鸡精神委顿、食欲减退、消瘦、母鸡产蛋下降和呼吸困难由轻至重，甚至咳嗽等，病程1～2天。高致病

禽流感表现为短时间内食欲废绝，体温骤升，精神高度沉郁，鸡冠出血或发绀，脚鳞出血，头脸部水肿，腹泻，有的鸡出现神经症状、惊厥、瘫痪和眼盲，并伴随大批死亡；H9亚型禽流感表现为初期眼睑变形，出现结膜炎，流泪现象，继而肿头，呼吸道症状，畏寒聚堆，脚趾鳞片出血，排水样便，采食量在发病后2～3天有所下降，产蛋鸡产蛋量下降15%～30%，蛋壳质量下降，出现软壳蛋、无壳蛋，褪色蛋增多。

［病理变化］死于禽流感的禽表现肌肉和其他组织器官广泛性严重出血，鸡还表现为充血、出血、渗出、坏死等变化。头、眼睑、肉髯、颈和胸等部位肿胀，皮下有黄色胶冻样液，口腔、腺胃、肌胃角质下层和十二指肠出血，腹部脂肪和心脏有出血点；胰腺、法氏囊、肾等内脏器官常见灰黄色坏死灶，气囊、腹膜和输卵管表面有灰黄色渗出物，有时可见纤维素性心包炎。产蛋鸡多见卵黄性腹膜炎，卵巢萎缩和输卵管退化。在皮肤、肉髯、肝、肾、脾和肺可见小点状坏死、出血等。

［诊断方法］

（1）临床诊断　通过流行病学、临床症状和病理变化，作出初步判断。鉴别诊断主要是与鸡新城疫等呼吸道疾病区别，结合其他禽类是否存在发病死亡病例和鸡群新城疫免疫情况进行分析，综合判断。同时要与禽霍乱区别诊断。H9亚型禽流感则应和环境不良引起的大肠杆菌病相区别。当鸡舍环境不良，给鸡群造成较大的应激，鸡群机体抵抗能力下降，可导致慢性呼吸道疾病和肠炎的发生，并因此继发大肠杆菌病。当鸡群感染禽流感H9病毒后，病毒在呼吸道黏膜上复制，造成黏膜的损伤，大肠杆菌就会乘虚而入，因此继发大肠杆菌病。本病的症状和病变差异大，确诊时必须依靠实验室诊断。如果疑似高致病性禽流感，应立即向当地动物防疫机构报告。

（2）实验室诊断　在养禽业的生产中可以采取血凝抑制试验和琼脂扩散试验等血清学方法进行初步检测分析，不宜作病毒分离，仅国家规定的参考实验室才能作病毒分离和鉴定。

（3）我国高致病性禽流感诊断标准（试行）

1）诊断指标

①临床诊断指标：急性发病死亡；脚鳞出血；鸡冠出血或发绀、头部水肿；肌肉和其他组织器官广泛性严重出血。

②血清学诊断指标：H5 或 H7 的血凝抑制（HI）效价达到 24 及以上（未免疫禽）；AI 琼脂免疫扩散（AGP）试验阳性（水禽除外）。

③病原学诊断指标：H5 或 H7 亚型病毒分离阳性；H5 或 H7 特异性分子生物学诊断阳性；任何亚型病毒静脉内接种致病指数（IVPI）大于 1.2。

2）结果判定

①临床怀疑为高致病性禽流感：符合临床诊断指标急性发病死亡，且至少有临床诊断指标脚鳞出血，鸡冠出血或发绀、头部水肿；肌肉和其他组织器官广泛性严重出血之一。

②疑似高致病性禽流感：符合结果判定①，且符合血清学诊断指标。

③确诊：符合结果判定②，且至少符合病原学诊断指标之一。

[防治对策]

（1）严格执行综合性防治措施　必须严格按照我国动物防疫法和其他有关法律法规，采取综合性防治措施，规范饲养方式，加强鸡群的饲养管理，做好生物安全体系的建设，这是防治高致病性禽流感的关键。

（2）免疫接种　我国已研制出的用于预防 H5N1 高致病性禽流感的灭活苗，分别在 20、60、120 日龄肌内注射 0.3、0.5、0.5 毫升，有免疫程序建议 3 日龄颈部皮下注射 0.3 毫升禽流感 H5H9 双价灭活疫苗，可以抵御禽流感病毒对鸡群的侵袭。

（3）疫情处置　目前尚无切实的特异性治疗方法。抗病毒类药物可能对发病早期的鸡有一定的疗效，应用抗生素能防治并发症。但该病是一种严重危害食品安全、引发公共卫生的烈性人畜共患病，可以引起猪和人的死亡。各地养殖场应针对高致病性禽流感的发生、流行情况，建立高致病性禽流感防治应急预案。当疫情被怀疑或诊断为高致病性禽流感后，向动物防疫机构报告，应立即实施高致病性禽流感应急预案。严格遵守国家有关法律法规，坚持执行高致病性禽流感疫情处置技术规范及有关规定，采取严厉的控制、扑灭措施，严防疫情扩散，迅速扑灭疫情；同时做好人的防护，严防感染人。

三、传染性法氏囊病

传染性法氏囊病（Infectious Bursal Disease，IBD）是由病毒引起主要侵害幼鸡的一种急性高度接触性传染病。主要特征是间歇性腹泻，法氏囊出血、肿大，肾脏损害。幼鸡感染后，可导致免疫抑制，并可诱发多种疫病和使多种疫苗免疫失败。

1957 年本病在美国特拉华州甘博罗地区首次发生，又称甘博罗病，也称为传染性囊病或腔上囊病。本病呈世界性分布，我国于 1979 年开始发生，1988 年后全国各地都有该病的报道，造成巨大的经济损失。

[病原] 传染性法氏囊病病毒（IBDV）属于双 RNA 病毒科禽双 RNA 病毒属，又叫双股双节 RNA 病毒。该病毒有两个不同的血清型（Ⅰ型和Ⅱ型），Ⅰ型主要侵害鸡，各毒株间有抗原性差别，这可能是传染性法氏囊病疫苗免疫失败的主要原因。病毒对理化因素抵抗力较强，对大多数消毒药不太敏感。在病鸡舍中病毒可存活 100 天以上。

[流行病学] 传染性法氏囊病病毒的自然宿主仅限鸡和火鸡，不同品种的鸡均可发病。在发生年龄上有明显的特征性，以3～6 周龄最为易感，4 周龄发病最多，成年鸡一般不感染或呈隐性经过，但也有 10 日龄和超过 120 日龄的鸡发生本病的报道。

病鸡是主要传染源。本病主要是水平传播，具有高度接触传染性，在感染鸡和易感鸡群之间传播迅速。主要感染途径是呼吸道、消化道和眼结膜。污染的饲料、饮水、垫草和用具等皆可成为传播媒介，蛋壳也有可能传播，昆虫也可携带病毒，传播扩散。

本病在流行病学上具有一过性的特点：即潜伏期短（1～3天），病程1周左右，一般在感染后第3天开始死亡，第4～6天达最高峰，来得急、症状消失快，死亡曲线呈尖峰状，一般发病率高（80%左右），死亡率差异大，有的仅为3%～5%，一般为15%～20%；如果鸡群易感，饲养管理较差，或传染性法氏囊病病毒强毒株存在，死亡率可能会上升到70%以上。本病常与大肠杆菌病、新城疫、鸡支原体病混合感染，死亡率也可提高。

本病发生无季节性，只要有易感鸡存在，全年都可发病。在农村家庭散养鸡主要发生于3～5月份。

[症状] 本病潜伏期1～3天。表现为发病突然，感染鸡食欲减退，病初排带泡沫微黄色稀粪，后排出白色水样粪便。泄殖腔周围的羽毛被粪便污染，病鸡啄自己的泄殖腔。病鸡精神委顿，羽毛蓬松，翅膀下垂，怕冷扎堆，急性病例出现症状后1～2天内死亡。没有死亡的鸡只体质差，易发病。

经传染性法氏囊病疫苗免疫的鸡群，有时也会有个别鸡发病，症状不典型，比较轻，经隔离治疗一般可以康复。

[病理变化] 急性死亡鸡尸体通常为脱水，腿部及胸部肌肉呈条状或斑状出血，腺胃与肌胃的交界处黏膜有出血点或出血斑。胸腺和盲肠扁桃体肿大、出血和坏死，肝脾肿大，胰脏白垩样变性，肾脏肿大、发白，输尿管变白变粗，常见尿酸盐沉积，有时可见心冠脂肪点状出血。本病最特征性病变是法氏囊。发病初期，法氏囊肿大，呈浅黄色，浆膜水肿有光泽，黏膜有条纹状或斑状出血，囊内黏液增多或有干酪样或奶油样物。发病1周左右后法氏囊开始萎缩。

[诊断方法]

（1）临床诊断　根据流行特点、症状和特征性剖检变化作出初步诊断。迅速用抗传染性法氏囊病高免血清治疗后疗效快速，基本上可以确诊。由于其特征性的临床表现，不易与其他疾病混淆，但在养鸡生产中常常因为鸡群免疫状态较好而出现非典型病例，或者并发、继发其他疾病，易被忽视。

（2）实验室诊断　本病实验室诊断方法很多，如雏鸡接种试验、琼脂扩散试验、荧光抗体检查、病毒中和试验和酶联免疫吸附试验。在养鸡生产中，最常用的是琼脂扩散试验和雏鸡接种试验，方法简单、准确。

[防治对策]

（1）做好环境卫生消毒工作，防止早期感染；做好生物安全控制，防止鸡群在疫苗免疫产生抗体之前被饲养环境中强毒力的野毒侵袭；做好孵化、苗鸡运输和育雏前期等各个阶段隔离和卫生消毒，避免早期感染。

（2）免疫接种　目前我国传染性法氏囊病疫苗主要有两类：活苗和灭活苗。活苗以中等毒力型较为常用，主要用于雏鸡；灭活苗主要用于种鸡，提高雏鸡母源抗体水平。有时传染性法氏囊病疫苗可能是二价或与新城疫、传染性支气管炎等制成二联或三联疫苗，效果也很好。一般免疫程序是12、24日龄二次活苗饮水免疫或5日龄同时用活苗和灭活苗（0.3毫升注射）免疫；种鸡在开产前用灭活苗免疫，可使子代雏鸡获得一定的母源抗体。有人针对农村散养鸡进行传染性法氏囊病疫苗免疫试验，发现6～14日龄、28～32日龄两次接种中等毒力的活疫苗，其保护率可达90％以上，而同期对照鸡发生传染性法氏囊病的死亡率达20％以上。

该病的免疫要注意：①选好疫苗。根据本场传染性法氏囊病疫苗使用效果进行筛选，有条件的养殖场可以采用本场发生传染性法氏囊病鸡群的含毒组织病料研制成组织灭活苗供本场使用。

②测定母源抗体。有条件的养殖场可用酶联免疫吸附试验和琼脂扩散试验测定鸡群的母源抗体，选择合适的首免时间。③稀释疫苗的用水。稀释疫苗的水中如含有氯及金属离子（尤其是铁离子）将会影响疫苗质量，不能用金属容器盛水。

（3）疫情处理　本病无特效的治疗药物。发生后应采取以下措施：①改善饲养管理，提高育雏舍的温度，供应充足的饮水，饮水中加0.5%的葡萄糖、0.1%的食盐和多维，降低饲料中蛋白质含量至15%，减少各种应激因素的刺激。②对鸡舍及养鸡环境进行严格的清理、消毒，注意防蚊灭鼠等工作。③对发病鸡群进行紧急防治。发病初期将假定健康鸡与疑似或发病鸡严格分开，健康鸡用中等毒力的活苗进行饮水紧急接种，可以减少死亡，或在饲料、饮水中添加抗病毒的药物，可降低发病率。病鸡注射高免血清或卵黄抗体，可取得较好的治疗和预防作用。此法可能会人为传播蛋源性的多种传染病。④全群应用抗生素、抗球虫药物，防止并发或继发感染。⑤鸡群康复后，要加强各种疫病的免疫，防止鸡群发生传染性法氏囊病后，机体免疫功能不全或免疫抑制而发生其他疫病。

传染性法氏囊病是我国近几十年来严重威胁养鸡业的重要传染病之一，一方面可造成鸡只死亡率、淘汰率增加，另一方面它又是免疫抑制病，在经济上具有重要意义。传染性法氏囊病病毒靶细胞主要是产生体液免疫抗体的法氏囊中的B细胞，造成体液免疫功能不健全或免疫抑制，可使机体对其他疫病疫苗接种的免疫应答降低，导致鸡对某些细菌（如沙门氏菌）和病毒（如新城疫病毒）的易感性增高，使鸡群处于非免疫保护状态。

四、鸡马立克氏病

马立克氏病（Marek's Disease，MD）是一种由疱疹病毒引起的鸡淋巴组织增生性传染病，具有传染性强、传播速度快、潜伏期长等特点。本病主要临床特征是病鸡消瘦或肢体麻痹，器官和组织形成淋巴性肿瘤。

本病发现比较早，过去与淋巴细胞性白血病相混淆，到1967年正式命名马立克氏病。世界上很多养鸡国家和我国众多省市都有本病流行，主要发生于密集型饲养的养鸡场，是危害养鸡业最严重的传染病之一。

[病原] 鸡马立克氏病病毒（MDV）属于疱疹病毒科、疱疹病毒属、甲亚科禽疱疹病毒2型，是一种细胞结合性病毒。这种病毒在鸡体内有3种存在形式：①无囊膜的裸体病毒。②病毒的核酸整合到一些细胞中，没有完整的病毒（这两种存在形式离开了活体组织和活细胞就会死亡）。③有囊膜的完全病毒，主要存在于羽毛囊上皮细胞中，可脱离细胞存活，在传播本病方面起着主要的传染作用。

病毒对理化因素作用的抵抗力均不强，对低温抵抗力较强。

病毒的致病力因毒株强弱不同而有较大差异，强毒株主要引起内脏型马立克氏病，弱毒株一般引起神经型马立克氏病。

[流行病学] 本病的易感动物主要是鸡，其他禽类如火鸡、鹌鹑、鸭等也可感染。不同年龄的鸡均可感染，初次发病为3～4周龄，但实际上发病和死亡多在2～4月龄。鸡只一旦感染本病，可长期带毒和排毒，病鸡和带毒鸡是本病的传染源。本病的传播途径主要是带病毒的尘埃通过呼吸道和消化道感染。不能垂直传播，但蛋壳被污染又不消毒，可能成为雏鸡早期感染的原因。各种应激因素和免疫抑制疾病，如传染性法氏囊病、鸡传染性贫血等都可促进本病的发生。

本病的发病率与鸡的品种、年龄、病毒的毒力及饲养管理的方式有关，差异大的最高可达60%；母鸡易感性比公鸡高；日龄小的比日龄大的易感性高，特别是出雏和育雏室的早期感染可导致很高的发病率和死亡率，日龄大的鸡感染发病率和死亡率较低。

[症状] 本病潜伏期长，多数在20～120天。根据临床表现，本病可分为4个类型，有时也会混合发生。

（1）神经型（古典型） 多发生于2～5月龄的鸡。病毒主要侵害外周神经，部分出现一个或多个肢翅的非对称进行性不全麻痹或全麻痹。病鸡运动障碍，坐骨神经受侵害则病鸡脚麻痹表现劈叉姿势，前臂神经受损则该侧翅下垂，颈迷走神经受损则头颈下垂、斜颈，嗉囊麻痹或扩张（大嗉子）。病鸡表现张口呼吸、腹泻等，最后因不能采食和饮水，而死于饥饿或脱水。

（2）内脏型（急性型） 常见于50～70日龄鸡。病毒主要侵害内脏器官。病鸡精神沉郁，不饮食，有时腹泻。病程较短的突然死亡；病程长的则出现渐进性消瘦，冠髯萎缩苍白，出现明显的全身性症状，最后呈败血症死亡。

（3）眼型 病毒侵害眼球虹膜。发生于一眼或两眼丧失视力的鸡，虹膜的正常色素消失，呈同心环状或斑点状以致弥漫的灰白色混浊，俗称"鱼眼"、"灰眼"，因此又叫"白眼病"。瞳孔收缩、边缘不整齐，后期整个瞳孔仅留针头大的小孔。病鸡表现贫血、消瘦、下痢等一般症状。

（4）皮肤型 皮肤形成淋巴性肿瘤小结节，发生在毛囊部位。严重时可见皮肤如疥癣样病灶，表面有淡褐色的结痂形成。有时可见羽囊形成大的肿瘤结节或硬结。

以上4种类型，以内脏型发生最多，神经型也常见，但眼型、皮肤型及混合型发生较少。

[病理变化] 病鸡最典型的病理变化是外周神经（以腹腔神经丛、前肠系膜神经丛、臂神经丛、坐骨神经丛和内脏大神经最常见）肿胀变粗，失去光泽，色变淡，横纹消失，神经粗细不均匀、呈结节状，有时可见散在出血点。病变的神经多数是一侧性的。内脏器官最常被侵害的是卵巢。卵巢、睾丸、肝脏、脾脏、肾脏等器官肿大，比正常增大数倍，大小不一的肿瘤稍突出脏器表面，切面平整呈油脂状。腺胃肿大2～3倍，浆膜下有灰白色斑块，腺胃壁增厚，腺胃乳头变大，顶部溃烂。胰脏发生肿瘤时，一般表现发硬、发白，比正常稍大。有时可见胸部或腿部肌

肉发生肿瘤，呈淡灰色。法氏囊萎缩而不形成肿瘤。

［诊断方法］

（1）临床诊断 通过特征性的临床症状、病理变化结合流行病学可以初步诊断。神经型马立克氏病可根据鸡特征性麻痹症状及病理变化确诊。内脏型与鸡淋巴细胞性白血病和非法氏囊型网状内皮组织增生病进行鉴别，主要是120日龄以内法氏囊萎缩等（表4-1）。

表4-1 马立克氏病、淋巴细胞性白血病和网状内皮组织增生病鉴别诊断要点

病 名	马立克氏病	淋巴细胞性白血病	网状内皮组织增生病（T株）
病原	马立克氏病病毒	淋巴细胞性白血病病毒	网状内皮组织增生病病毒
病毒与细胞结合性	结合	不结合	不结合
发病年龄高峰（周龄）	8～30	17～43	8～26
病程	常为急性	慢性	常为急性
死亡率	10%～80%	3%～5%	最高达100%
经蛋传染	不经蛋传染	经蛋传染	经蛋传染
瘫痪或轻瘫	常见	无	少见
虹膜混浊及病变	经常出现瞳孔边缘不齐、缩小	无	无
外周神经病变	常见	无	常见
皮肤及肌肉肿瘤	可能出现	通常无	无
法氏囊病变	常萎缩	常形成结节状肿瘤	常萎缩
浸润的细胞类型	成熟和未成熟的淋巴样细胞	主要为淋巴母细胞	淋巴网状内皮细胞
肿瘤细胞的性质	T细胞多见，B细胞少	B细胞多见，T细胞少	T细胞多，B细胞少

（2）实验室诊断

1）病毒的分离与鉴定　取病鸡的羽囊、羽根或皮肤块及肿瘤细胞等进行处理后，进行细胞培养或鸡胚接种、鸡只接种，再进行病毒鉴定。

2）血清学方法　实验室诊断马立克氏病的血清学方法很多，如琼脂扩散试验、免疫荧光试验、酶联免疫吸附试验和病毒中和试验等。在养鸡生产上最常用的是用感染鸡主羽轴的羽毛，挤压的羽髓作抗原做琼脂扩散试验来诊断。

3）病理学诊断　是将病变器官制成组织切片进行诊断的一种方法。

（3）确诊马立克氏病　本病不能以是否感染马立克氏病病毒作为诊断标准。因为接种疫苗的鸡能得到保护不发生本病，但仍能感染马立克氏病强毒。因此，本病的诊断必须结合流行病学、临床诊断、病理学和肿瘤标记共同完成。

［防治对策］

（1）综合性防治措施　①加强养鸡环境卫生与消毒工作，尤其是孵化和育雏鸡舍的消毒，防止雏鸡的早期感染，这是非常重要的；否则即使出壳后即刻接种有效疫苗，也难防治本病。②加强饲养管理，提高机体的抗病力。饲养密度不要过大，减少应激因素、保持良好通风。做好传染性法氏囊病病毒、网状内皮组织增殖病病毒、呼肠孤病毒、强毒鸡新城疫病毒、A型流感病毒、鸡传染性贫血病病毒、球虫等能引起免疫抑制的感染或代谢疾病的发生，提高鸡群免疫力和抵抗力。③采取“全进全出”的原则，防止不同日龄的鸡混养于同一鸡舍。④建立无马立克氏病鸡群，注重自繁自养，防止从外面传入本病。净化鸡群，严格做好检疫工作，发现病鸡立即隔离淘汰，以消除传染来源。

（2）疫苗接种　疫苗接种是控制马立克氏病的最有力措施。马立克氏病疫苗种类很多，主要有血清Ⅰ型疫苗、血清Ⅱ型疫苗、血清Ⅲ型疫苗和二价疫苗，疫苗接种不能抗感染，但可阻止肿瘤形成，防止发病。我国养鸡生产上使用的马立克氏病疫苗主要是以下两种：①血清Ⅲ型疫苗，又叫火鸡疱疹病毒疫苗（HVT疫苗），对毒力很强的Ⅰ型毒（超强毒）引起的马立克氏病的保护力很低（约50%）；②二价疫苗是Ⅱ型毒（天然弱毒）和HVT两种毒株混合制成的，可以提高鸡群对超强毒的抵抗力（85%以上），但必须在液氮（－196℃）中保存和运输。目前使用较多的CVI988/Rispens活疫苗病毒存在于活细胞中，也必须存放在－196℃的液氮中。如果疫苗在液氮中保存或使用操作不当，就会造成疫苗效价降低或完全失效。

雏鸡应在出壳后24小时内接种疫苗，约7天后形成免疫力，3～4周龄达到较高的免疫水平。因此在3～4周龄内要严格隔离饲养，以避免在疫苗产生免疫力之前感染本病。

（3）疫情处置　目前对马立克氏病尚无有效的治疗药物。当鸡群发生本病后，必须淘汰病鸡，加强环境的清理和消毒，防止疫情扩散。鸡舍清洁消毒后，空置数周再引进新雏鸡。

五、禽白血病

禽白血病（Avian Leukosis，AL）是由禽C型反录病毒科一群具有共同特征的病毒引起的禽类多种慢性传染性肿瘤性疾病的统称，主要有淋巴细胞性白血病（LL），其他的如成红细胞性白血病、成髓细胞性白血病、骨髓细胞瘤、结缔组织瘤、上皮肿瘤、内皮肿瘤等则较少见。大多数肿瘤侵害造血系统，少数侵害其他组织。

本病在世界各国均有存在，一些养鸡业较发达国家的大多数鸡群均感染本病，但是有临床症状的病鸡较少。本病在经济上的重要性表现在两个方面：一是造成一定的死亡率；二是引起生产性能下降，尤其是产蛋和蛋品质下降。

［**病原**］禽白血病病毒（ALV）属于反录病毒科禽甲型反录病毒群，俗称禽C型肿瘤病毒，与肉瘤病毒紧密相关，统称禽

白血病/肉瘤病毒（L/S），该病毒分有9个亚群，其中J亚群白血病近几年在我国也时有发生，且发病日龄在6～8周龄。本病毒的多数毒株能在11～12日龄鸡胚中生长良好，接种1～14日龄易感雏鸡可引起发病。本病毒对理化因素的抵抗力弱。

[**流行病学**] 本病在自然情况下只能感染鸡。Rous肉瘤病毒（RSV）宿主范围广，野鸡、珠鸡、鸭、鹌鹑、火鸡和鹧鸪人工接种也可引起肿瘤。不同品种或品系的鸡对病毒感染和肿瘤发生的抵抗力差异很大。母鸡的易感性比公鸡高，多发生在18周龄以上的鸡，呈慢性经过，病死率1%～2%。

病鸡和带毒鸡是传染源。带毒母鸡的整个生殖系统都有病毒繁殖，以输卵管中的病毒浓度最高，特别是蛋白分泌部。因此，其产出的鸡蛋常带毒，孵出的雏鸡也带毒，可产生病毒血症。这种先天性感染的雏鸡常有免疫耐受现象，发病率不一定高，但它不产生抗肿瘤病毒抗体，可长期带毒排毒，成为重要传染源。后天接触感染的雏鸡带毒现象与接触感染时雏鸡的年龄有很大关系。雏鸡在2周龄以内感染这种病毒，发病率和感染率很高；残存母鸡产下的蛋带毒率也很高。4～8周龄的鸡感染后发病率和死亡率大大降低，其产下的蛋不带毒。10周龄以上的鸡感染后不发病，产下的蛋也不带毒。

在自然条件下，本病主要以垂直传播方式进行传播，也可水平传播，但比较缓慢，多数情况下接触传播被认为是不重要的。本病的感染虽然广泛，但临床病例的发生率相当低，一般多为散发。饲料中维生素缺乏、内分泌失调、球虫病等因素可促进本病的发生。ALV-J在肉鸡群的水平传播效率比其他外源ALV高得多，并能导致免疫耐受（持续的病毒血症和缺乏抗体），接着排毒并通过种蛋产生垂直传播。

[**症状与剖检变化**]

（1）淋巴细胞性白血病（LL） 潜伏期长达14周以上，多发生于成年鸡。病鸡一般表现全身性症状，消瘦、虚弱，腹部肿大，病鸡呈企鹅姿势，鸡冠和肉髯苍白、皱缩，有时泻痢，多因衰竭死亡，死亡率为1%～2%。无症状的感染鸡，产蛋性能受到严重影响。蛋小壳薄，受精率和孵化率下降。排毒肉鸡的生长速度受影响。主要病理变化是：肝、脾等器官肿大，有灰白色的肿瘤结节，肠系膜受侵时出现腹水。早期可见法氏囊肿大，结节状。

（2）成红细胞性白血病　偶尔散发于6日龄以上鸡。病鸡苍白或黄染，羽毛滤泡出血，有时肝、脾肿大。

（3）成髓细胞性白血病　散发于成年鸡。病鸡苍白，肝、脾肿大，肝窦和骨髓呈灰白色。

（4）骨髓细胞瘤　散发于成年鸡。胸骨内侧、肋骨、肋骨与软骨连接部、骨盆可见黄白色肿瘤病灶，肿瘤质脆。肌肉和内脏器官可见肿瘤。

（5）骨石化病　散发。病鸡沉郁，两肢跖骨骨干中部不对称增粗，常伴发于淋巴细胞性白血病的鸡群。

ALV-J感染发病可发生在4周龄或更大日龄的肉鸡，产生骨髓瘤细胞的时间比ALA-A产生的成淋巴群细胞瘤要早，4～20周龄病鸡在肝、脾、肾和胸骨可见病理变化。组织病理学变化的特征是肿瘤由含酸性颗粒的未成熟的髓细胞组成。

［诊断方法］

（1）临床诊断　根据临床症状、剖检变化，结合流行病学进行综合判断作出初步诊断；根据肿瘤类型初步分析L/S类型。但应注意淋巴细胞性白血病与马立克氏病、网状内皮组织增生病鉴别，后两者日龄小且临床很少发生。

（2）实验室诊断　①在实际诊断中常根据血液学检查和病理学特征结合病原和抗体的检查来确诊。成红细胞性白血病在外周血液、肝及骨髓涂片，可见大量的成红细胞，肝和骨髓呈樱桃红色。成髓细胞性白血病在血管内外均有成髓细胞积聚，肝呈淡红色、骨髓呈白色。②病原的分离和抗体的检测方法很多，最常用荧光抗体法，不仅可以确认哪一类型的L/S，而且是建立无白血病鸡群的重要手段。

[防治对策]

(1) 综合性防治措施　减少种鸡群的感染率和建立无白血病的种鸡群是控制本病的最有效措施。种鸡在育成期和产蛋期各进行2次检测，淘汰阳性鸡。从蛋道拭子试验阴性的母鸡选择受精蛋进行孵化，在隔离条件下出雏、饲养，连续进行4代，建立无淋巴细胞性白血病病毒鸡群。但由于费时长、成本高、技术复杂，一般种鸡场还难以实行。

鸡场的种蛋、雏鸡应来自无白血病种鸡群，同时加强鸡舍孵化、育雏等环节的消毒工作，特别是育雏期（最少1个月）封闭隔离饲养并实行全进全出制。抗病育种、培育无白血病的种鸡群。生产各类疫苗的种蛋、鸡胚必须选自无特定病原（SPF）鸡场。

本病主要为垂直传播，病毒型间交叉免疫力很低，雏鸡免疫耐受，对疫苗不产生免疫应答，所以对本病的控制尚无切实可行的方法。有实验证明，外科摘除法氏囊或者饲喂雄性激素消除法氏囊，可使本病发病率下降，但又可能影响机体对其他疫苗产生抗体。

另外，从长远看培育抗病遗传品系也是控制本病的一个重要方面。

(2) 疫病处置　目前尚无治疗此病的方法。淘汰病鸡和可疑病鸡对控制本病有一定的效果。孵化用具要彻底消毒，粪便要集中堆积处理，防止饲料、饮水和用具被粪便污染，防止疫病延续。

六、网状内皮组织增生病

网状内皮组织增生病（Reticulo Endotheliosis，RE）是由病毒引起的以淋巴网状细胞增生为特征的肿瘤性疾病。本病在禽类散发，由网状内皮组织增殖病病毒（REV）引起免疫抑制。在火鸡偶尔引起大量死亡和废弃损失。

［**病原**］网状内皮组织增殖病病毒属于反转录病毒科C型反录病毒群，包括四种有抗原相关性的病毒：T病毒（T株）、鸭脾坏死病毒（SN株）、鸭传染性贫血病毒（DLA株）和鸡合胞体病毒（CS株）。各病毒株的致病作用有一定的差别。由T株病毒接种雏鸡所产生的病变是以网状内皮细胞增殖为特征。

［**流行病学**］各种禽类易感，其中火鸡发病最常见，在商品鸡群中呈散在发生。病鸡和带毒的种鸡为主要传染源，鸡可经垂直、水平或注射了被本病毒污染的生物制品而传播，但很少出现肿瘤，多为血清阳性。鸭也可经垂直传播。

［**症状与剖检变化**］早期受到T株的感染或使用的疫苗中污染有本病病毒，常可导致免疫失败或在2～3周龄出现矮小综合征。生长缓慢、瘦弱、羽毛异常，故又称僵鸡综合征。病理变化特点是胸腺和法氏囊萎缩，腺胃炎，肠炎，肝脾出血、坏死或有结节淋巴瘤增生。慢性经过的病鸡外周神经肿大，出现瘫脚和麻痹症状；羽毛发育失常。

鸡感染了CS株，常发生慢性淋巴瘤，其病变主要在肝和法氏囊，很难与鸡淋巴细胞性白血病相区别。

［**诊断方法**］

（1）临床诊断　由于本病的症状和病变的不确定性及与马立克氏病和淋巴细胞性白血病相似，很难从外观与其他病分开，可以通过组织病理学的检查来区分。

（2）实验室诊断　采集病鸡血液和病变组织进行细胞培养等方法进行病毒分离和鉴定。血清学方法主要有琼脂扩散试验、间接免疫荧光试验等。

［**防治对策**］本病无特效的治疗方法，也没有任何疫苗预防。防治该病应时刻注意防止引入带毒母鸡，加强饲养管理和建立生物安全体系，加强隔离措施，防止水平传播。病毒污染禽用疫

苗，可造成严重的疾病传播事故，所以制备鸡用疫苗，应使用SPF鸡源材料，防止疫苗或其他生物制品被网状内皮组织增殖病病毒污染而传播本病。

七、传染性支气管炎

传染性支气管炎（Infectious Bronchitis，IB）是由病毒引起的鸡的一种急性高度接触性呼吸道和泌尿生殖道传染病。主要发生于产蛋鸡和雏鸡，常造成雏鸡较严重的死亡。其主要临床特征是气管炎和支气管炎。病鸡咳嗽、喷嚏和气管发生啰音；雏鸡还可出现流涕，产蛋鸡表现产蛋下降和畸形蛋。肾病理变化型肾肿大，有尿酸盐沉积。

本病于1931年在美国首次报道，1936年确定了病毒。目前在世界各国均广泛传播，使养鸡业遭受重大的经济损失。

[**病原**] 传染性支气管炎病毒（IBV）属于冠状病毒科冠状病毒属中的一个代表种。根据血清学反应和致病性划分，本病毒至少有19个血清型，自然感染或接种产生的免疫力都不能有效保护其他本病血清型病毒的感染。在致病性上，某些毒株有嗜肾性，能引起肾炎—肾病综合征，同时也引起呼吸系统症状。

病毒主要存在于病鸡的呼吸道渗出物中，肝、脾、肾和血液中也能发现病毒。本病毒对理化因素抵抗力不强，耐冷冻。

[**流行病学**] 本病仅发生于鸡，其他家禽自然条件下均不感染发病。各种年龄和品种的鸡都可发病，40日龄以内的鸡多发，雏鸡最严重。过热、严寒、拥挤、通风不良及营养不良均可促进本病的发生。本病一年四季均可发生，以冬季最为严重。

病鸡和康复初期的鸡是主要传染源。主要传播方式是病鸡从呼吸道排出病毒，经空气飞沫传染给易感鸡；被污染的饲料、饮水和用具等可经消化道传染。易感鸡与病鸡同舍饲养，常常48小时内出现症状，5～8天内大部分鸡都可被感染，传染性极强。康复鸡带毒一般不超过35天。

［**症状**］潜伏期1～7天，平均3天，人工感染18～36小时鸡只发病。

雏鸡常突然发生呼吸道症状，并迅速波及全群。病鸡精神差，畏寒、咳嗽、打喷嚏、伸颈、张口呼吸，有特殊的呼吸啰音、流鼻涕、流泪；2周龄雏鸡还常见鼻窦肿胀。病鸡逐渐消瘦等症状，病程1～2周。

产蛋鸡还表现产蛋率下降（25%～50%），甚至有较长时间停产；同时产软壳蛋、畸形蛋或蛋壳粗糙，蛋白稀薄如水样等。有的病鸡还引起肠炎，可见急剧下痢症状。

肾病变型毒株引起的肾炎、肠炎，多发生于20～50日龄的雏鸡，发病率30%～50%，病后5～7天发生死亡，病程可达3～4周，死亡率20%～30%。病雏表现轻度呼吸道症状，食欲减少，腹泻，排灰白色稀便，脱水、衰竭死亡。

鸡群发病率和死亡率与感染毒株的毒力、鸡的日龄、饲养管理水平、应激等因素有关；雏鸡死亡率可达25%，日龄大的鸡发病死亡率低。幼龄病鸡康复后，输卵管可能造成永久性损害，丧失产蛋能力。

［**剖检变化**］主要病变是气管、支气管和鼻腔有浆液性或干酪样渗出物，气囊可能混浊或含有干酪样渗出物。产蛋母鸡腹腔内可见液状卵黄物质。卵泡充血、出血、变形，输卵管萎缩。肾型毒株可引起肾肿大、苍白，肾小管和输尿管被尿酸盐充盈而扩张，并有肠炎变化。有的肝、心外膜出现灰白色尿酸盐沉积。

［**诊断方法**］

（1）临床诊断　根据流行特点、临床症状和剖检变化可作出初步诊断。传染性支气管炎可以与传染性鼻炎区别，但与温和型新城疫和传染性喉气管炎（ILT）很难区别，主要根据死亡率、神经症状和发病日龄进行仔细辨别。

（2）实验室诊断　主要是病原的分离和鉴定，应用病毒中和试验和血凝抑制试验等血清学方法也可确诊。

[**防治对策**]

（1）综合性防治措施　①加强饲养管理，如冬季的保暖、合理通风、防止鸡群密度过大，减少应激因素，供给优质饲料等。②加强生物安全控制，做好一般性防疫卫生消毒工作。

（2）免疫接种　这是预防该病的主要措施。目前养鸡生产上常用的疫苗有活苗和灭活苗。活苗分成 H_{120}、H_{52} 两种，前者接种 3 周龄以下的雏鸡，后者接种 4 周以上育成鸡；灭活苗多用于产蛋鸡，一般情况下为使用方便采用“传染性支气管炎多价（含肾型、呼吸型等多血清型）＋鸡新城疫或/和传染性法氏囊病、鸡产蛋下降综合征”二联或三联多价灭活苗，效果很好。

（3）疫情处置　无特异性治疗本病的方法，多采用加强饲养管理和卫生消毒等综合性防治措施。应用抗病毒药物或中药制剂进行对症治疗；在饮水中添加多维、矿物盐辅助治疗可减轻症状和死亡。

八、传染性喉气管炎

传染性喉气管炎（Infectious Laryngotracheitis，ILT）是由病毒引起的鸡的一种急性接触性呼吸道传染病。以呼吸困难、咳嗽、咳出血样渗出物，喉部和气管黏膜肿胀、出血并形成糜烂为特征。本病传播快，死亡率较高。

本病最早记载于 1924 年，目前在许多国家均广泛流行，是危害养鸡业的重要疾病。在高密度养鸡地区，本病引起产蛋下降和高死亡率。本病在我国某些地区（如广东等）已有发生和流行。

[**病原**] 传染性喉气管炎病毒（ILTV）属于疱疹病毒科 α 疱疹病毒亚科 A 型禽疱疹病毒属Ⅰ型。该病毒大量存在于病鸡的气管组织及其渗出物中。本病毒对理化因素抵抗力弱，但低温条件下存活时间长。三叉神经节是本病毒潜伏感染的主要部位，受到应激的潜伏感染鸡，本病毒可被激活，大量复制。

［**流行病学**］在自然条件下，本病主要侵害鸡，各种年龄的鸡均可感染，4～10月龄的成年鸡感染严重且症状最为显著。幼龄火鸡、野鸡等也可感染。

病鸡及康复后的带毒鸡是主要传染源，接种活疫苗的鸡可排毒感染易感鸡群。本病高度接触传播，主要经上呼吸道及眼结膜传染，约2%康复鸡可带毒，时间可长达2年。种蛋可传播病毒，使鸡胚在出壳前死亡。

本病一年四季均可发生，以秋、冬和春季多见。本病一旦传入鸡群传播迅速，感染率可达90%以上，致死率一般在10%～20%，最急性型死亡率可达50%～70%，在高产的成年鸡病死率较高。鸡群拥挤、通风不良、舍温过低、饲养管理不好、营养缺乏、寄生虫感染等，都可诱发和促进本病的发生和传播，增加死亡率。

［**症状**］自然感染潜伏期6～12天，人工气管内接种2～4天。急性病鸡的特征性症状是鼻孔有分泌物和呼吸时发出湿性啰音，继而咳嗽和喘气。严重病例呈现明显的呼吸困难、咳出带血的黏液。每次吸气时，头和颈向前向上、张口，有喘鸣叫声。病鸡厌食，迅速消瘦，鸡冠发紫，有时排绿色稀粪。病程5～7天或更长，多因窒息、衰竭死亡。蛋鸡产蛋率严重下降，康复后1～2个月才能恢复。

温和型病例只限于生长迟缓，产蛋率下降，流泪，结膜炎，有的可见眶下窦肿胀，持续性流涕和出血性眼结膜炎，发病率为5%，病程多数在10～14天内。

［**病理变化**］主要病变见于气管和喉部组织，黏膜变性增厚、坏死和出血，常覆盖有黄白色纤维素性干酪样伪膜或气管堵塞。眼结膜和眶下窦上皮水肿和充血，结膜炎、失明。有的可见心冠出血点，胆囊肿大，肾盂出血，输尿管有灰色沉淀物。部分肠道黏膜水肿、充血和盲肠扁桃体肿大、黏膜层有出血斑。

病理组织学变化：在病的早期，呼吸道黏膜上皮细胞内出现核内包涵体是本病特征性变化。

［诊断方法］

（1）临床诊断　急性、咳嗽、咳出血块和高死亡率等特征性症状，加上出血性气管炎病变结合鸡群发病史可作出初步诊断。但要与其他引起鸡呼吸道疾病区别，如传染性支气管炎、新城疫、传染性鼻炎、白喉型鸡痘、慢性呼吸道病等。

（2）实验室诊断　通过病原的分离和鉴定，以及血清学方法（如琼脂扩散试验、病毒中和试验等）可以确诊。

［防治对策］

（1）综合性防治措施　坚持严格隔离、消毒等措施是防止本病流行的有效方法。加强饲养管理，改善鸡舍温度和通风、注意环境卫生。严格各项隔离、检疫和消毒制度，不引进病鸡，严格消毒工作，病愈鸡与易感鸡不能混群饲养。

（2）免疫接种　本病流行的地区可考虑接种传染性喉气管炎弱毒苗，滴鼻、点眼或饮水免疫（不能气雾免疫）。第一次4～6周龄，第二次在开产前进行。由于传染性喉气管炎弱毒苗一般毒力较强，本病无低毒安全可靠的疫苗，接种途径和接种用量应严格按说明书进行。没有本病发生的地区最好不使用此疫苗。正在研制中的基因工程疫苗可以克服常规疫苗引起潜伏感染的缺点。

（3）疫病处置　目前尚无特异的治疗方法。发生本病后要加强消毒，加强饲养管理。应用抗病毒药物对控制病情、缓解症状、减轻发病率和死亡率有一定作用。同时采取对症治疗和配合抗生素防治并发病。

九、鸡痘

鸡痘（Fowl Pox，FP）是鸡的一种高度接触性急性病毒性传染病。主要特征是在鸡的无毛或少毛的皮肤上发生痘疹，或在口腔、咽喉部黏膜形成纤维素坏死性伪膜（又称鸡白喉）。

本病呈全球性分布。在大型鸡场易造成流行，可使鸡增重迟缓、消瘦，产蛋鸡产蛋暂时下降。如果并发其他疾病或营养不良可引起鸡只死亡，对雏鸡更易造成严重的损失。

[病原] 鸡痘病毒（FPV）是痘病毒科禽痘病毒属的一种，与鸽痘病毒抗原非常类似，鸽痘病毒对鸡的致病性低，但具有很强的免疫原性，故可将鸽痘病毒制成疫苗用来预防鸡痘。

鸡痘病毒大量存在于病鸡的皮肤和黏膜病灶中，在病变表皮细胞的细胞浆内可形成包涵体。

本病毒对外界自然因素抵抗力强，对酸碱等消毒剂抵抗力弱，但对石炭酸的抵抗力较强。

[流行病学] 本病主要发生于鸡，火鸡和鸽次之，其他禽也可感染发病，但不严重。各种年龄、品种的鸡都能感染，但以雏鸡、生长鸡最常发病，可引起雏鸡大批死亡。

病鸡是主要传染源，健康鸡与病鸡接触传染，脱落和碎散的痘痂是病毒散播的主要形式。一般经有损伤的皮肤和黏膜而感染，不能经健康皮肤和口感染，人工授精、蚊子和体表寄生虫可传播本病。蚊子的带毒时间可达10～30天。本病一年四季均可发生，以夏秋和蚊子活跃的季节多发，多为皮肤型，死亡率较低；冬季发生的多为白喉型，一旦发生，死亡率高，有时可见这两种类型同时发生。

鸡群过分拥挤、通风不良、鸡舍阴暗潮湿、营养不良、体外寄生虫、因啄毛等造成外伤及饲养管理恶劣等均可促使本病发生和加重病情。若伴有葡萄球菌病、传染性鼻炎、慢性呼吸道病，可造成大批死亡。

[症状与剖检变化] 潜伏期4～8天。鸡群常逐渐发病，病程一般为3～5周，严重暴发时可持续6～7周。病鸡多表现皮肤型、白喉型、混合型，而所谓的败血型、眼鼻型鸡痘则很少单独发生。

（1）皮肤型　以头部皮肤为主，有时见于腿、脚、泄殖腔和翅内侧，形成一种特殊的痘疹。常见于冠、肉髯、喙角、眼皮和耳球等无毛部位，生出一种灰白色的小结节，渐次成带红色的小丘疹，很快增至如绿豆大痘疹，呈黄色或灰黄色，凹凸不平，呈干硬结节或疣状结节，突出皮肤表面；3～4 周后脱落，留下灰白疤痕。一般无全身症状，严重的雏鸡可表现少食、消瘦，甚至引起死亡。产蛋鸡产蛋量显著减少。

（2）白喉型（黏膜型） 病变主要在口腔、咽喉和气管等黏膜表面。初为鼻炎症状，口腔及咽喉部黏膜红肿，流鼻液，有的流泪；2～3 天后在黏膜上生成黄白色的小结节，并形成一层黄白色干酪样的伪膜，覆盖在黏膜上，似人的"白喉"。用镊子撕去伪膜，则露出红色的溃烂面。病鸡尤以幼鸡表现呼吸和吞咽困难，不能采食，体重减轻，窒息死亡。炎症蔓延可引起鼻、眼部和肺受到侵害，眶下窦肿胀和肺部炎症。本型多发生于中小鸡，死亡率一般在 5%～10%，严重可达 50%。

[诊断方法]

（1）临床诊断 根据发病情况、病变部位比较容易诊断。白喉型鸡痘的症状易与鼻炎相混淆。有时病鸡混合感染传染性鼻炎、支原体而使症状和病变复杂化。

（2）实验室诊断 多采用接种易感鸡或鸡胚进行病毒分离与鉴定，也可用血清学方法（如琼脂扩散试验、病毒中和试验等）确诊。取病变部位的上皮细胞进行组织学检查包涵体也可确诊。

[防治对策]

（1）预防措施 加强鸡群的卫生、消毒和消灭吸血昆虫等工作；加强鸡群的饲养管理，减少鸡群应激和皮肤黏膜损伤。

（2）免疫接种 鹌鹑化鸡痘弱毒疫苗免疫途径是翅内侧皮下刺种，也可采用口服、饮水、气雾和羽毛囊擦拭。应在 4～5 周龄及开产前接种 2 次。免疫后 2～3 周有免疫效果，并可持续2～4 个月。

（3）疫病处置 目前尚无特效治疗药物。发生疫情后将病鸡隔离，重者淘汰，轻者主要采取对症疗法，以减轻病鸡的症状和防止并发症。皮肤上的痘痂一般不作治疗。如果用康复鸡的血液治疗白喉型鸡痘，对促进康复有效；用紫草等中药煎后拌料有一定疗效。个别鸡只可以采取处理病灶，用药水冲洗促进康复。对病灶处理物（如剥离下的伪膜、痘痂和干酪样物等）应烧掉，严禁乱丢，以防散毒。

一些鸡场仅对夏季100日龄以下的鸡群进行一次疫苗刺种，这种免疫措施可能有效但不严密。

十、鸡病毒性关节炎

病毒性关节炎（ViraL Arthritis，VA）是由病毒引起的肉用鸡的一种传染病。主要特征是胫跗关节腱鞘肿大、腓肠肌腱破裂、跛行。又名病毒性腱鞘炎、腱裂综合征、禽病毒性关节炎综合征（VAS）。

1957年该病在美国首次报道，世界许多国家和地区相继有发生本病的报道，我国也有该病发生。在大多数鸡群中呈亚临诊感染。在一些国家和地区危害尚未引起重视，或为某些细菌病、营养性疾病等引起的关节病所掩盖。病鸡由于运动障碍，生长停滞，导致生产性能下降、饲料转化率低，屠宰率下降、淘汰率增高，给养鸡业造成很大的经济损失。

［**病原**］禽呼肠孤病毒属于呼肠孤病毒科，正呼肠孤病毒属，为双股RNA病毒，有多种血清型；禽呼肠孤病毒不能凝集人的O型红细胞，对热、低温、乙醚、氯仿具有抵抗力，紫外线和碘制剂可杀死病毒。

［**流行病学**］主要感染鸡和火鸡，各种日龄、类型和品系的鸡都易感。肉用鸡最为流行，蛋鸡也可发生；鸡龄越大，敏感性越低，自然发病多见于4～7周龄，种鸡也有在14～18周龄发病的。发病率可达100%，死亡率不足6%，肉鸡淘汰率可达20%～30%。

病毒长期存在于盲肠扁桃体和跗关节内，带毒鸡是重要的传染来源。病毒通过呼吸道和消化道排毒在鸡群中迅速蔓延，造成直接或间接接触水平传播；粪便污染是接触感染的主要来源。偶见经种蛋垂直传播，且主要通过出壳的雏鸡水平传播。

[症状] 潜伏期1～11天，其长短与毒株的毒力、感染途径和鸡的敏感性等因素有关。本病大多呈隐性经过，有临床症状的仅占10%以下。4～7周龄肉仔鸡感染后的主要症状是跛行、两侧性胫和跗关节部位的腱增粗。鸡群增重慢，饲料转化率低，总死亡率高，屠宰废弃率高。产蛋鸡表现为产蛋率和受精率下降。

[病变] 剖检可见趾屈肌腱及跖伸肌腱发生水肿，跗关节腔内有淡红色半透明的渗出液，少数有化脓性渗出物。1～7日龄雏鸡还可见肝炎、心肌炎和脾炎。50日龄以上的鸡腓肠肌腱发生断裂、肥厚。有时可见出血、坏死，引起跛行和不能起立。病理组织学检查主要表现以非化脓性腱鞘炎为特征。

[诊断方法]

（1）临床诊断　根据发病特点、症状和病理变化可疑为本病，尤其是胫和跗部腱鞘肿胀（两侧）可以诊断为病毒性关节炎。鉴别诊断应与鸡传染性滑膜炎和禽霍乱、大肠杆菌病、葡萄球菌病等引起的关节炎区别，也要与营养因素引起的腿病鉴别。

（2）实验室诊断　可采用病毒分离、鉴定和血清学方法（琼脂扩散试验、中和试验）进行确诊。

[防治对策]

（1）综合性防治措施　①严格鸡场兽医卫生管理制度，做好生物安全控制，防止本病传入。②改善卫生条件和饲养管理，以提高机体的抗病能力。③采取全进全出的饲养制度。④防治其他疾病的发生，对防治本病的发生具有重要意义。

（2）免疫接种　①活苗，主要从采用S1133株分化制成高度减毒株的呼肠孤病毒活疫苗，通常用于7日龄或更大日龄的雏鸡免疫。由于1～20日龄最易感，最好是于1日龄皮下接种，提供早期保护，但可干扰马立克氏病疫苗的免疫效果。②灭活苗，由几种抗原相似的毒株制成各种呼肠孤病毒油佐剂灭活苗，接种种鸡以保证下一代获得保护性母源抗体。

（3）疫情处置 本病尚无有效的特异治疗方法。当疾病发生时，应将早期发现的病鸡隔离，尽快淘汰，可降低发生率和死亡率。加强饲养管理，降低饲养密度，通过饮水补充多维素，适当应用抗生素防治并发病。鸡舍空出后进行彻底清洗和甲醛熏蒸，空舍2～3周以上，可极大地减少后续鸡群感染。

十一、禽脑脊髓炎

禽脑脊髓炎（Avian Encephalomyelitis，AE）是主要侵害雏鸡中枢神经系统的一种病毒性传染病。主要特征是雏鸡共济失调、渐近性瘫痪和头颈部震颤及死亡率高，曾称为传染性震颤和“新英格兰”病。

1930年美国首次报道发病，随后英格兰等养鸡业较发达的国家也有发生。1938年经实验室分类，将其定为神经性病毒病。我国是1980年张泽纪报告广东发生病例，1983年毕英佐对此病确诊。近些年在我国很多地方都有发生，造成较大的经济损失。本病的主要危害是造成产蛋鸡产蛋下降和雏鸡发病及死亡。

［**病原**］禽脑脊髓炎病毒（AEV）属于小RNA病毒科的肠道病毒属。本病毒含单一抗原，各分离毒株在理化和血清学上无差异；但毒力及对器官组织的亲嗜性不同，主要有嗜肠性和嗜神经性两种，其对鸡致病性强，对理化因素有较强的抵抗力。

［**流行病学**］鸡、雉、火鸡、鹌鹑易感。各种日龄均可感染，一般雏禽才有明显的临床症状即死亡。多见于1～3周龄的雏鸡，4周龄以上一般不出现症状。

发病的幼鸡和感染病毒4周内带毒母鸡是主要传染源。幼鸡或成年鸡感染后，病毒在肠道内增殖，3周内病毒随粪便排出体外，污染养鸡环境。病毒在外界环境中存活时间较长，能长期保持感染性。本病可水平传播和垂直传播，经口和呼吸道等途径感染易感鸡群，发生水平传播。感染的产蛋母鸡3周内所产种蛋中含有病毒，经孵化，一部分胚胎在孵化中死亡，未死亡鸡胚孵出的雏鸡在1～20日龄之间发病和死亡。这种垂直传播可造成本病的流行，引起较大的损失，在病毒散播中起很重要的作用。

本病一年四季均可发生，但冬春两季多发。肉鸡可能发生较多，平养传播快。

[症状] 垂直传播的潜伏期短，1～7天；水平传播的潜伏期长，最短为11天。

病初，雏鸡精神差，不愿走动，驱赶行走不协调，摇晃，逐渐共济失调，步态不稳，瘫痪，以跗关节或胫部行走。后见雏鸡头颈震颤明显，有轻微的叫声，严重运动失调，不能饮食，最后衰竭死亡。发病率40%～60%，死亡率20%～50%，个别时间段可达到90%以上的死亡率。耐过病鸡生长不好，有失明等后遗症。

1月龄以上的鸡感染后无明显症状。产蛋鸡表现1～2周内产蛋率下降10%～20%，蛋变小，种蛋孵化率下降或健雏少；此期间的种蛋携带禽脑脊髓炎病毒，是雏鸡发病的主要原因。种鸡感染1个月后所产的蛋孵出的雏鸡发病很少。

[病理变化] 剖检一般无明显的肉眼变化，雏鸡仅见腺胃和肌胃的肌肉层及胰脏有小的灰白色病灶。有时可见肝脏发生脂肪变性、脾脏肿大、轻度肠炎。

显微镜检可见非化脓性脑炎、脊髓背根神经炎、脑部血管有明显的套管现象。内脏组织学变化是淋巴细胞增生积聚，腺胃肌壁的密集淋巴细胞灶也具有诊断意义。

[诊断方法]

（1）临床诊断 3周龄以内雏鸡发生共济失调，头颈颤抖，无明显病变，药物治疗无效，结合其种鸡产蛋率短暂性轻微下降即可初步诊断。雏鸡发病与新城疫、鸡白痢、维生素E缺乏、维生素B_1缺乏、维生素B_2缺乏及痛风等疾病有明显区别；产蛋鸡表现产蛋下降，与新城疫、产蛋下降综合征相似，但较轻微，时间短，易鉴别。

（2）实验室诊断 根据病理组织学检查、病毒分离和鉴定，血清学检测（中和试验、琼扩散试验等）进行确诊。

[防治对策]

（1）综合性防治措施 不从发病场引进种蛋和种鸡，防止禽脑脊髓炎传入；加强隔离、消毒和环境卫生等生物安全控制工作；加强种鸡群和雏鸡的饲养管理等，是防治本病的重要措施。

（2）免疫接种 在10周龄和开产前1个月给种鸡分别接种弱毒苗和灭活苗，使母鸡开产前获得免疫力，母源抗体可保护雏鸡不发病。

（3）疫情处置 本病无有效的治疗药物。本病发生后预后不良，雏鸡一旦暴发本病，必须扑杀。健康鸡一方面加强管理和隔离，做好并发病的防治；另一方面，发病母鸡1个月内的蛋不能作种蛋孵化，避免造成疫病的再发生和更大的危害。

雏鸡发病日龄小，禽脑脊髓炎弱毒苗有毒力，只能通过种鸡免疫产生特异的抗体传给子代保护雏鸡不发病。病愈康复鸡或接种疫苗的鸡，终身都可获得免疫。

十二、鸡病毒性肾炎

鸡病毒性肾炎（Avian viral Nephritis，AN）是由病毒引起的一种以侵害雏鸡肾脏并伴有生长迟滞的传染病，又叫鸡传染性肾炎。

[病原] 鸡肾炎病毒属于小RNA病毒科肠道病毒属。其对理化因素抵抗力强。

[流行病学] 自然宿主是鸡，人工可致火鸡发病，多发生于2周龄以内的雏鸡，2周龄以上的鸡不易感染，但可测出抗体。本病毒可经多种途径感染雏鸡，经口感染可导致该病的广泛流行。

[**症状**] 自然感染和人工感染的鸡均难以观察到明显的临床症状。随着病程的进展，鸡群表现出生长缓慢，增重明显下降，尤其是肉鸡表现生长停滞，个体矮小，呈僵鸡状。有时可能出现腹泻和肺炎。

[**病变**] 肾脏损害及内脏广泛性的尿酸盐沉积。组织病理学变化是间质性肾炎和曲小管上皮细胞的胞浆内包涵体。

[**诊断方法**] 鸡血清中尿酸浓度显著升高，间质性肾炎及尿酸盐沉积是本病的最突出特征，结合临床症状和剖检变化可初步诊断。血清学诊断方法有间接免疫荧光法和中和试验。确诊依赖于病原的分离和鉴定。

[**防治对策**] 目前尚无特异性的治疗方法和免疫措施。主要是采取综合性防治措施以及对症治疗，可以减少损失。

十三、鸡传染性贫血病

鸡传染性贫血病（Chicken Infectious Anemia ，CIA）是由病毒引起的雏鸡免疫抑制性传染病。主要特征是再生障碍性贫血、全身性淋巴组织萎缩、皮下和肌肉出血、高死亡率。该病曾称出血性综合征或贫血性皮炎综合征。

1979 年本病首次在日本报道并分离出病毒，之后在美国等国相继分离到病毒；1992 年我国在东北某地也分离到该病病毒。目前本病可能呈世界分布。本病是一种继传染性法氏囊病之后又一重要的免疫抑制病，危害甚大。

[**病原**] 鸡传染性贫血病毒（CIAV）又叫鸡贫血病毒（CAV）、鸡贫血因子（CAA），属于圆环病毒科圆环螺线病毒属。对乙醚和氯仿有抵抗力，耐热、耐酸；但对福尔马林、酚和含氯制剂敏感。该病毒不凝集鸡红细胞。各地分离毒株毒力有差异，抗原性无差异。

[**流行病学**] 仅鸡易感，鸡是本病毒唯一的宿主，所有品种、不同年龄的鸡都可感染。1～7 日龄雏鸡最易感，主要发生在 2～

4周龄的雏鸡。肉鸡比蛋鸡易感，公鸡比母鸡易感。发病率和死亡率与鸡年龄、易感性、病毒的毒力和并发、继发其他疾病有关。日龄越大，其易感性、发病率和死亡率逐渐降低，死亡率一般为10%～60%。

病鸡和带毒鸡是主要传染源。本病主要经蛋垂直传播，种鸡感染1～2周后，持续3～6周内种蛋孵出的雏鸡会感染本病。多数种鸡在育雏期感染后产生抗体，并通过母源抗体保护后代。一次感染后的鸡将不会再感染。本病也可通过消化道及呼吸道传播。

［**症状**］本病潜伏期7～12天，呈急性经过，重要特征症状为贫血。雏鸡表现精神差，消瘦，发育受阻（感染后10～20天最严重）。冠、肉髯及可视黏膜苍白，翅膀皮炎或蓝翅，全身点状出血，2～3天后开始死亡，死前可见腹泻。病鸡有明显的贫血症候群，但无呼吸及神经症状，经28天后存活鸡逐渐恢复健康。但继发感染可能阻碍康复，加剧死亡。

6周龄以上的鸡和有母源抗体的鸡也能感染，仅表现轻微症状或不出现症状。产蛋鸡感染后产蛋率、受精率、孵化率均不受大影响。

［**病变**］

（1）剖检　骨髓萎缩是最有特征性的变化，主要表现为骨髓呈黄白色，导致再生障碍性贫血。胸腺与法氏囊显著萎缩。全身肌肉、内脏器官苍白，肝脏、脾脏和肾肿大，有时肝表面有坏死灶。骨骼肌和腺胃黏膜出血。有的可见心肌、皮下出血，严重的可见肌胃黏膜糜烂。

（2）血液学变化　血细胞压积值（Ht）下降是主要特征之一，血液稀薄如水，血凝时间延长，Ht可降到20%以下（25%以下为贫血）。

（3）组织学变化　主要特征是所有造血组织被脂肪样组织取代。

［诊断方法］

（1）临床诊断　根据发病特点（主要是2～4周龄鸡发病）和以贫血为主的症状及病理变化（伴有胸腺萎缩等）可做出初步诊断。主要与球虫病（鸡传染性贫血病无血便）、磺胺药物中毒进行鉴别。

（2）实验室诊断　通常以肝为分离材料进行病毒分离和鉴定。血清学方法有中和试验、酶联免疫吸附试验，结合血细胞压积值和现场综合分析，才能确诊。

［防治对策］

（1）综合性防治措施　①重视日常的饲养管理及兽医卫生措施，切断鸡贫血病毒的垂直传播，防止早期感染。②加强检疫，一方面防止从外界引入带毒鸡将本病传入健康鸡群；另一方面淘汰感染鸡，净化鸡群。③防止由环境因素及传染性疫病导致的免疫抑制，做好马立克氏病、传染性法氏囊病等预防接种，可降低鸡体对鸡贫血病毒的易感性。

（2）免疫接种　目前还没有疫苗可供预防接种，只能依靠综合性防治措施。鸡传染性贫血病弱毒冻干苗对12～16周龄（经血清学检查为鸡传染性贫血病阴性）的种鸡饮水免疫，6周后才能产生免疫力，并维持到60～65周龄。免疫后6周前的种蛋不能作种用：一是种蛋可能传播疫苗病毒，二是种蛋孵化的雏鸡母源抗体水平低，不能保护雏鸡抵抗鸡贫血病毒的感染。

（3）疫情处置　目前无特异性治疗方法。发生疫病后，要加强饲养管理，必要时应用药物防治并发病和继发病，可降低发病率和死淘率，减少损失。

我们应重视鸡传染性贫血病的防治，其危害主要有3个方面：

1）鸡传染性贫血病是一种重要的免疫抑制病，是马立克氏病等疫病免疫失败的原因之一。

2）鸡贫血病毒常与马立克氏病病毒、传染性法氏囊病病毒、鸡腺病毒、网状内皮组织增殖病病毒、呼肠孤病毒（REOV）等混合感染，彼此间有协同作用，相互增强致病力。

3）如果SPF鸡群存在鸡传染性贫血病，用该SPF蛋孵出的鸡胚及其细胞培养所制成的疫苗就可能被鸡贫血病毒污染，不仅影响疫苗免疫效果，还会造成鸡传染性贫血病的大范围传播。

附：蓝翅病

鸡蓝翅病（Blue Wing Disease，BWD）是由呼肠孤病毒和鸡贫血病毒（CAV）协同作用，引起雏鸡的一种非接触性传染病，以翅膀出现深蓝色为特征症状。在西欧，本病是危害肉鸡业的一个重要疾病。

［流行病学］ 本病主要发生于肉用仔鸡群。一般在11～16日龄开始发病，17～26日龄达到死亡高峰；产蛋鸡和肉种鸡很少发病。传播途径是垂直传播，未发现水平传播的报道。一年四季均可发生。

［症状］ 病鸡的翅膀下皮肤出现深蓝色的特征性症状。精神沉郁，以胸着地，闭目嗜睡，羽毛蓬松，颤抖，多在2小时内死亡。

［剖检变化］ 皮下和肌肉内有斑点状出血和水肿是最明显的特征病变。如继发感染，则出现坏疽性皮炎、脾脏肿大；胸腺和法氏囊萎缩，有轻度的坏死性肝炎。

［诊断方法］ 本病的临床症状和病变易与鸡传染性贫血病、坏疽性皮炎混淆，但流行情况不同，能够加以区别，确诊必须经实验室进行病毒分离。

［防治对策］

（1）预防的主要措施是对种鸡群进行鸡贫血病毒、呼肠孤病毒的监测和免疫预防，淘汰阳性鸡，保护子代不受感染。

（2）本病尚无特效药物治疗，一旦发病，要加强消毒和防止继发感染。

十四、鸡包涵体肝炎

鸡包涵体肝炎（Avian inclusion Body Hepatitis ，IBH）是禽腺病毒引起的一种急性传染病，又称贫血综合征（Anemia syndrome）。其特征是病鸡死亡突然增多，严重贫血、黄疸，肝肿大、有出血和坏死灶，肝细胞有核内包涵体；孵化率降低和幼雏死亡率增高。

1951 年美国首次报道本病，随后意大利等国均有发生本病的报道，我国也有此病发生。

[病原] 包涵体肝炎病毒属于腺病毒科禽腺病毒属Ⅰ群，对鸡等禽红细胞无凝集性。病毒核酸类型为双股 DNA，对热较稳定，在室温存活时间长。能抵抗乙醚、氯仿，但 1：1 000 浓度的甲醛可使病毒灭活。

[流行病学] 本病多发生于 4～10 周龄鸡，5 周龄肉用仔鸡最易感，发病率较高；产蛋鸡很少发病。澳大利亚曾发生 3 周龄以下的鸡暴发本病，死亡率高达 30%。通常病死率 10%左右；如有其他疾病混合感染时，病情加剧，病死率上升。病鸡和带毒鸡是主要传染源。本病可垂直传播是非常重要的特点，携带病毒的种蛋孵化后 4 周龄开始排毒，所以一旦传入，很难根除。此外本病可水平传播，与病鸡或被病鸡污染的禽舍、饲料、饮水接触，经消化道、呼吸道和眼结膜而传染。本病多发于春、秋两季。通风不良和密集饲养等恶劣环境也是促进本病发生的诱因。

[症状] 自然感染潜伏期 1～2 天。在雏鸡群中常会突然出现死鸡，病鸡表现精神沉郁，嗜睡，下痢，排白色水样粪便；羽毛粗乱，有的鸡出现贫血和黄疸。感染后 3～4 天，突然出现死亡率高峰，第 5 天后死亡减少或逐渐停止，病程一般为 10～14 天。

[病理变化] 肝脏肿胀，脂肪变性，质地脆，易破裂，有点状或斑状出血，并有隆起坏死灶。肾脏肿胀，呈灰白色并有出血点，脾有白色斑点状和环状坏死，法氏囊萎缩。全身性浆膜、皮

下、肌肉等处广泛出血；皮下和全身性肌膜黄染，骨髓呈灰白色或黄色。

组织学变化的特征是肝细胞核内有嗜酸性包涵体，圆形或不规则、边界清晰，偶有嗜碱性包涵体。

[**诊断方法**]

（1）临床诊断　根据典型症状和病理变化，结合流行特点可以作出诊断。

（2）实验室诊断　根据病原分离和血清学等实验室诊断方法进行确诊。中和试验检测时必须取双份血清（发病期和恢复期鸡的血清）才有现实诊断意义。

[**防治对策**] 采取综合性防治措施。杜绝传染源传入，加强传染性法氏囊病、鸡传染性贫血病等免疫抑制病的防治，防止和消除应激因素，在饲料中补充微量元素和复合维生素，以增强鸡的抵抗力，并加强鸡舍和环境消毒。本病可以垂直传播和水平传播，病原的血清型较多，目前尚无好的疫苗用于预防。在一般情况下很少发病，只有在免疫抑制时才发生疾病。本病尚无特殊的治疗方法。主要措施是加强饲养管理，防止并发细菌性疾病发生，在发病日龄前2～3天喂给一些抗生素药物。

十五、产蛋下降综合征

鸡产蛋下降综合征（Egg Drop Syndrcme 1976 ，EDS－76）是由禽腺病毒Ⅲ群中的病毒引起鸡以产蛋下降为特征的一种传染病。主要特征是产蛋高峰期产蛋率突然下降，异形蛋增多，褐色蛋壳颜色变淡，又叫减蛋综合征。

1976年在荷兰 Van Eck 首次报道本病，1977年首次分离到病原体。目前世界许多国家均有本病的报道，我国于1984年首次报道，1991年分离到病毒。全国各地的鸡场抽检均不同程度地检出血清学阳性鸡，给养鸡业造成严重的经济损失。

[**病原**] EDS－76病毒属于腺病毒科禽腺病毒属中的Ⅲ群病

毒，与腺病毒Ⅰ群的抗原有部分相同，具典型的腺病毒特征。各国现有分离的不同命名和不同来源的病毒株均为同一种血清型。

本病毒能凝集鸡、鸭、鸽等禽的红细胞，故可用于血凝抑制试验，检测病鸡的特异性抗体，具有高度特异性。而其他禽腺病毒主要是凝集哺乳动物的红细胞，这与本病毒不同。该病毒能在鸭胚、鸭胚肾细胞、鸭胚成纤维细胞和鸡胚成纤维细胞上生长繁殖，但在鸡胚肾细胞和火鸡细胞中生长不良，在哺乳动物细胞中不能生长。在鸭胚上生长良好，可使鸭胚致死。

本病毒对乙醚、氯仿不敏感，对环境和其他理化因素有较强抵抗力，可用0.3％甲醛灭活。

[流行病学] 本病毒的主要易感动物是鸡，但自然宿主却可能是鸭和鹅。不同年龄的鸡都可感染，24～35周龄的鸡最易感染发病；不同品系的鸡易感性存在差异，产褐壳蛋的肉用鸡和种母鸡最易感，其他日龄和品系的鸡感染率低或不表现症状。鸭可感染发病，火鸡、鹅等禽类感染可产生抗体或排出病毒。

本病主要是垂直传播，也可水平传播。垂直传播可通过种蛋和种公鸡的精液传递，给本病预防带来困难。水平传播较慢且不连续，从鸡的输卵管、泄殖腔、粪便、肠内容物都能分离到病毒。平养比笼养传播快。本病一年四季均可发生。

[症状] 本病潜伏期最短为7天，主要临床症状是24～35周龄产蛋鸡突然出现群体性产蛋下降，产蛋率降低20％～30％，甚至50％；产无色蛋、薄壳蛋、软壳蛋、无壳蛋、畸形蛋等异常蛋。蛋壳表面粗糙、颜色变浅；蛋白呈水样、蛋黄色淡，有时蛋白中混有血液、异物等。种蛋孵化率降低、出壳弱雏鸡多。产蛋下降持续4～10周后一般可恢复正常。

部分病鸡精神差、厌食、羽毛蓬松、贫血、腹泻等，死亡极少，鸡的生长无明显影响。

[剖检变化] 病鸡卵巢萎缩、变小，或有出血，子宫和输卵管黏膜有炎症，表现水肿、苍白、肥厚，管腔内滞留白色渗出物

或干酪样物质；卡他性肠炎等变化。输卵管腺体水肿，单核细胞浸润，黏膜上皮细胞变性坏死，病理变化细胞中可见到核内包涵体。

［诊断方法］

（1）临床诊断　根据发病特点、临床诊断和病理变化进行综合分析和判断，区别引起鸡群产蛋下降的其他疾病（如禽脑脊髓炎、鸡支原体病）和因素，可初步诊断。

（2）实验室诊断　根据病毒分离与鉴定，血清学检测（血凝抑制试验、琼脂扩散试验等）综合临床表现进行确诊。

［防治对策］

（1）综合性防治措施　一方面强化管理措施，①无鸡产蛋下降综合征的清洁鸡场，严禁引进本病毒感染的种蛋和种鸡，不要到疫区引种；不使用被鸡产蛋下降综合征病毒污染的疫苗等，防止将本病带入。②鸡产蛋下降综合征污染场要严格执行兽医卫生措施，为防止水平传播，鸡鸭分开饲养，场内鸡群应隔离，按时进行淘汰，做好鸡舍和周围环境清扫和消毒等常规措施。另一方面对种鸡群进行 HI 抗体检测，淘汰阳性鸡。

（2）免疫接种　鸡产蛋下降综合征灭活苗对控制本病起重大作用，是本病主要的防治措施。该苗接种产蛋前 2～4 周的母鸡群，从第 2 周开始产生抗体，可保护种鸡至淘汰。

（3）疫情处置　尚无治疗本病的有效药物，也不需要治疗。在发病时要加强饲养管理，给鸡群补充多维，应用药物防治继发感染。为使接种方便，减少应激，实际生产中多采用新城疫—传染性支气管炎—鸡产蛋下降综合征三联灭活苗 0.5 毫升注射免疫。

十六、鸡肿头综合征

鸡肿头综合征（Swollen Head Syndrome ，SHS）是病毒引起鸡的一种新的急性传染性呼吸道疾病，主要特征是鸡头部发生明显皮下水肿及扭颈，角弓反张，共济失调。本病又称粗头或面部蜂窝织炎。

本病于20世纪80年代初在南非首例报道，现涉及世界上大多数国家。我国也有类似病例报道。

[病原] 火鸡鼻气管炎—鸡肿头综合征（TRT/SHS）病毒属于副黏病毒科肺病毒属，是感染禽类的第一个肺病毒。一般认为鸡肿头综合征是鸡先感染火鸡鼻气管炎—鸡肿头综合征病毒后继发大肠杆菌感染，两者共同作用的结果。没有大肠杆菌的协同作用，不可能产生本病的典型病变。

本病毒在形态上与副黏病毒属的其他病毒形态很相似，但它无血凝活性。

[流行病学] 本病主要发生于鸡，肉种鸡、肉鸡和蛋鸡多发，火鸡也可感染。肉鸡4～7周龄易发，肉用种鸡和蛋鸡则各种年龄均可发生，尤其进入产蛋高峰期的鸡多发。

病鸡和康复鸡是本病主要传染源。本病以水平接触传播为主，病鸡或康复鸡的消化道和鼻腔分泌物污染饮水、环境造成接触传染，传播速度缓慢，也有通过空气和垂直传染的报道。环境因素如密度大、通风不良、湿度低、空气中尘土飞扬，对本病的发生至关重要。

[症状] 肉鸡先表现为打喷嚏、咳嗽，24小时后出现结膜潮红，头部皮下水肿，并扩展到肉垂和下颌组织，有的肉髯发绀，严重时虚脱死亡。商品蛋鸡和肉种鸡的症状特点为肿头，极度沉郁，因脑定向障碍而不断摇头、扭颈、角弓反张，共济失调。产蛋鸡产蛋率和种蛋受精率下降。病程2～3周，发病率1%～90%，死亡率2%～20%，减蛋幅度一般在10%以内。

[剖检变化] 鼻甲和气管黏膜出血，鸡冠、面部、喉周围水肿或有干酪样物质，皮下可见黄色水肿或化脓。有不同程度的纤维素性气管炎、心包炎、肝周炎、腹膜炎，多数见到卵黄性腹膜炎。

在气管及鼻腔的上皮细胞内可见嗜酸性胞浆包涵体。

[诊断方法]

(1) 临床诊断 根据发生情况、症状和病变进行初步诊断，临床上一般很难与鸡新城疫、传染性支气管炎、禽流感及细菌、支原体类疫病鉴别，况且本病多与大肠杆菌病并发，给诊断增加难度，只有通过实验室方法确诊。

(2) 实验室诊断 病毒分离与鉴定，血清学方法（如酶联免疫吸附试验）检测火鸡鼻气管炎—鸡肿头综合征病毒的抗体存在。有时通过血凝抑制试验来排除具有血凝活性病毒的存在。

[防治对策]

(1) 综合性防治措施 加强饲养管理，搞好环境卫生，合理通风换气，减少断喙和注射疫苗引起的应激。

(2) 免疫接种 疫区可以预防接种。1日龄雏鸡用弱毒苗免疫可以减少发病和死亡，非疫区可用灭活苗免疫接种。

(3) 疫情处置 本病无特效药物。但发生疫情时，改善饲养环境，在饮水或饲料中添加抗生素，可减轻疾患，防止细菌疾病继发感染，减少死亡和损失。

火鸡鼻气管炎（TRT）和肿头综合征（SHS）都是由副黏病毒科肺病毒属病毒感染引起的疾病，火鸡鼻气管炎病毒主要感染火鸡，也可感染鸡，肿头综合征病毒主要感染鸡，也可感染火鸡，两者的抗原性和引起鸡群发病的临床表现无明显差异，所以很难区分。

十七、禽轮状病毒感染

禽轮状病毒感染（Rotavirus infection）是雏鸡的一种急性肠道传染病，以腹泻和脱水为特征。近年来，世界许多国家都有本病的报道，感染率和发病率高，是哺乳动物和禽类非细菌性腹泻的主要病原之一，对人类健康和畜牧业发展都有较大危害。

[病原] 轮状病毒（Rotavirus）属于呼肠孤病毒科轮状病毒

属。本病毒分为 A～F6 个群，其中 A 群为常见的典型病毒，宿主包括人和各种动物。轮状病毒对理化因素有较强的抵抗力。

［流行病学］轮状病毒宿主范围广，能感染多种哺乳动物和禽类。不同日龄的禽均易感，以 6 周龄的雏鸡最易感，成年鸡也可感染，并发生腹泻。本病毒可水平传播，也可经蛋（含蛋壳）发生垂直传播。禽轮状病毒感染率高，死亡率为 4%～7%。但其造成的腹泻严重影响雏禽的生长发育，并可引起并发或继发感染。

［症状］潜伏期短 2～5 天。病鸡主要表现水样腹泻、脱水、泄殖腔炎、啄肛，并可导致贫血，精神和食欲下降，生长发育缓慢，体重减轻。病程一般为 4～8 天。

［剖检变化］最常见的是肠道苍白和盲肠膨大，盲肠内有大量的液体和气泡，呈赭石色。脱水、肛门炎症，由啄肛流血而致贫血，肌胃内有垫草，爪部跖面有被粪便污染而致的炎症和结痂。

［诊断方法］根据临床症状和病理变化不易诊断，多采用电镜检查病毒特征形态，病毒分离与鉴定及血清学检查。

［防治对策］本病的防治主要采取综合性措施。一方面加强清洁和消毒，另一方面防止病毒侵入鸡群并净化鸡群，尤其是本病毒可能污染 SPF 鸡群，则其鸡胚和细胞培养物制备的疫苗，有可能被其污染，而成为传染源。

本病无好的预防措施。即使雏禽由母禽获得较高水平的母源抗体，也不能保护病毒的感染和发病。如果将禽轮状病毒致弱制成弱毒活苗，给雏禽口服，使弱毒在雏禽体内产生中和抗体和局部抗体，从而建立肠道的局部免疫，这是预防该病的关键。

本病无特异性治疗方法。病鸡可以采取补液对症治疗和使用抗生素防治并发症以减轻症状，减少死亡。

十八、鸡的其他病毒感染

（一）鸡慢性呼吸道病

鸡慢性呼吸道病是由鸡毒支原体引起的一种慢性呼吸道传染病。疾病发展缓慢，病程长，成年鸡多为隐性感染，可在鸡群中长期存在和蔓延。一般发病不高，但是环境应激及其他不利因素会使本病更加严重。

［**病原**］鸡毒支原体是介于细菌和病毒之间的微生物，没有细胞壁，有复杂的营养需求，可卵黄囊接种7日龄鸡胚，接种后5～7天胚体死亡，其抵抗力不强，离体后迅速失去活力，对热敏感，能凝集鸡、火鸡红细胞。

［**流行病学**］4～8周龄的鸡和火鸡最易感，本病传播较慢，能垂直传播和水平传播，还可经疫苗传播，特别是用非SPF鸡胚制备的新城疫疫苗，鸡毒支原体污染率较高。

支原体广泛存在于鸡体内。正常情况下，不会引起鸡群发病，必须具备一定的诱因才能引发该病，常见诱因包括气候骤变、昼夜温差大，特别是在冬春季节；鸡群发生传染性鼻炎、传染性喉气管炎、传染性支气管炎、鸡新城疫等其他疾病时，可继发慢性呼吸道病；平时正常的防疫工作中，由于使用方法及操作不正确，产生应激导致本病发生；鸡群饲养管理不当，饲养密度过大，舍内通风不良，粪便潮湿，产生大量氨气、二氧化碳、硫化氢等有毒、有害气体，鸡群极易发生本病。

在实际生产中本病发生后常继发大肠杆菌感染，尤其是肉鸡。结果使病情复杂化，鸡群死淘率增加。

［**症状和病变**］慢性呼吸道病的发病高峰是在21～35日龄，呈慢性经过，表现为浆液或黏液性鼻液，使鼻孔堵塞妨碍呼吸，频繁摇头、喷嚏、咳嗽、眼睑肿胀。当炎症蔓延下呼吸道时，喘气和咳嗽更为明显，并有呼吸道啰音。种鸡产蛋率下

降、种蛋合格率降低、孵化率降低、死淘率升高。解剖病理变化主要是鼻窦、气管、气囊病变。鼻窦有黏液，黏膜瘀血；眼结膜瘀血；气管黏膜充血、有黏液；肺脏一侧或两侧近支气管端瘀血，后期喉头、气管、支气管内有灰白色或淡黄色干酪物；气囊浑浊、污秽变厚，有时有黄色干酪物附着；继发大肠杆菌病后，出现纤维素性心包炎、肝周炎和腹膜炎、输卵管炎、卵巢炎等。

[防治对策] 本病的防治应遵循以下原则：在预防工作中，首要的是对各种病毒性疾病做好预防接种工作。其次是加强饲养管理，精心地管好鸡群，夏天做好防暑降温，冬天做好防寒保暖。一年四季都要做好鸡舍的通风，给鸡创造一个较好的生存条件。该病一旦发生，重要的是尽最大努力去除发病诱因，改善环境。这样有利于减少疾病的发生，有利于提高治疗效果。如果有其他的病毒性疾病发生，则以控制病毒性疾病为主。

改善饲养管理条件，提供优质全价饲料，准备合理的疾病免疫接种程序是保证鸡群健康生长、远离疾病的重点，同时可以定期投药控制鸡毒支原体及大肠杆菌等细菌性病原体的感染（支原体感染启动疾病后，极易继发大肠杆菌病，故单纯预防支原体感染效果不会很理想。）一般情况下预防性用药效果较好，成本较低，在呼吸道疾病易发生的秋冬季节，天气突然变冷、注射疫苗等应激情况下适当用药物预防呼吸道疾病，能大大减少呼吸道疾病的发生。

（二）虫媒病毒感染（Arbovirus Infections）

虫媒病毒属于呼肠孤病毒科环状病毒属。多数禽类对虫媒病毒易感，禽类可自然感染东部马脑脊髓炎病毒（EEEV）和西部马脑脊髓炎病毒（WEEV）。美国禽类主要发生东部马脑脊髓炎，而西半球却分离到东部马脑脊髓炎病毒和西部马脑脊髓炎病毒，西部马脑脊髓炎只发生于鸡、雉和火鸡。蚊虫是虫媒病毒的传播者，鸡群也可以通过互啄传染。本病在鸡、鹌鹑和舍饲的雉鸡群发病率和死亡率均高于85%。

东部马脑脊髓炎病毒和西部马脑脊髓炎病毒可感染人，并引起死亡，应加强人的防护。

雏禽感染后表现精神差、运动失调、腿瘫痪、翅麻痹、斜颈等神经症状，最后虚脱死亡。

限制或消灭螯咬蚊虫是控制该病的关键。

（三）其他病毒感染

一些主要感染火鸡并引起火鸡发病的病毒，如引起肠道病的火鸡冠状病毒、火鸡病毒性肝炎病毒（TVHV）、火鸡出血性肠炎病毒（HEV，感染鸡致脾肿大而不引起死亡）等，还有一些主要感染鸭、鹅等禽类和其他动物并引起发病的病毒，由于基因重排或重组、抗原变异或漂移，以及病毒适应性等多种因素作用，有可能感染鸡，或隐性感染，或症状轻微，这种情况不易被发现，也难以确诊。饲养人员应加强防范，严禁鸡与其他禽类混养，减少接触和传染的机会；加强鸡群的饲养管理，采取综合性的科学防治措施，保障养鸡业持续健康发展。

鸡场常见细菌性传染病的防治

在我国，鸡的细菌性疾病多数为传统常见病和人畜共患传染病，个别疾病如肠炎沙门氏菌病、鼻气管炎鸟疫芽孢杆菌病等，是近二十年新发现或重要的疾病。由于多数细菌性疾病临床表现比较复杂，临床诊断较为困难，加上多数细菌是常在致病菌，又易产生耐药菌株，控制和消灭病原难度大。细菌性疾病的发生常伴随死亡率升高、产蛋下降和药物成本提高，不仅给养鸡业造成了严重的损失，而且给禽产品安全和人类健康带来了严重的威胁。在有些国家，细菌性疾病成为公众所关注的重要的政治性话题。

一、禽沙门氏菌病

禽沙门氏菌病是由沙门氏菌属中的一种或多种沙门氏菌所引起的禽类的一种急性或慢性疾病的总称。本病在世界各地普遍存在，对禽类的危害性较大。沙门氏菌病也是一种人畜共患传染病。

本病的病原为禽沙门氏菌属肠杆菌科、革兰阴性小杆菌，广泛存在于自然界及各种动物中，家禽是沙门氏菌重要的保菌者之一，可以引起鸡及其他禽类多种疾病。沙门氏菌的致病性在于菌体内毒素和肠毒素。

常见的禽沙门氏菌病主要有鸡白痢、禽伤寒、禽副伤寒和亚利桑那菌病。前两者的病原分别是没有鞭毛的鸡白痢沙门氏菌和鸡伤寒沙门氏菌，可以用生化反应加以区别；后两者的病原分别是有鞭毛的多种沙门氏菌和亚利桑那沙门氏菌。

1. 鸡白痢 是由鸡白痢沙门氏菌引起鸡的一种常见传染病。主要特征是雏鸡白痢、急性败血症经过，引起大批死亡。

本病发生于各种类型的养鸡场，引起雏鸡大批死亡，产蛋鸡的产蛋率、种蛋孵化率降低和鸡生长迟缓，造成很大损失，如不及时加以控制和检疫净化，危害更加严重。

［**流行病学**］不同品种和年龄的鸡对本病均有高度易感性。本病的发病率、死亡率与鸡的年龄有关，3周龄以内的雏鸡死亡率高，呈流行性。青年鸡感染鸡白痢呈现出一些新特点，如不表现下痢，死亡率和发病率明显增高。随着日龄的增加，鸡的抵抗力也增强，成年鸡感染常局限于卵巢、输卵管和睾丸，多呈慢性经过或隐性经过而不显症状。

火鸡对鸡白痢沙门氏菌易感性仅次于鸡，鸭、雏鹅等家禽和鸟类，哺乳动物和人都可感染。

病鸡与带菌鸡是主要的传染源。本病水平或垂直传播，常致鸡终身感染。康复鸡和带菌母鸡所产蛋或健康蛋壳被病菌污染都可形成带菌蛋，通过带菌蛋传染是通常的传播方式。

病菌污染环境、饲料、饮水等，经消化道和呼吸道传染是主要传播途径。影响雏鸡发病率和死亡率的外界环境因素很多，如环境污染严重、卫生条件差、不适宜的温湿度、密度、通风、营养及并发、继发感染等，另外与养鸡场以前是否被病菌污染等有关。一有存在本病发生的老鸡场，雏鸡的发病率在20%～40%，但新传入发病的鸡场，其发病率显著增高，有时可达100%，病死率也比老疫场高。

［**症状**］鸡白痢的症状与病菌毒力、感染的日龄、鸡的易感性及饲养管理条件有关。

（1）雏鸡　带菌蛋孵化时，在孵化中出现死亡或不能出壳的弱胚，或出壳1～2天死亡的弱雏，症状不明显。孵出后感染雏鸡 4～5 天后出现明显症状。病雏精神委顿，绒毛松乱，两翼下垂，缩头颈，闭眼嗜睡，不愿走动，怕冷，常拥挤一起或靠近热源，少食或不食。下痢，排出白色、浆糊状粪便，使肛门周围绒毛被粪便粘结，肛门周围炎症引起疼痛，而发出“吱吱”的尖叫声。多数病雏表现呼吸困难，伸颈、张口，病程短的 1 天，一般为 4～7 天，死亡率达 40%～70%；以出壳后 5～10 天发病死亡率最高，3 周龄以上鸡发病死亡较少。有些病雏有关节炎，跛行；有时表现眼炎，乃至失明，采食、饮水困难，最后衰竭死亡。耐过鸡生长发育不良，成为带菌者。

（2）青年鸡　发病日龄在 50～120 日龄，多发生于 50～80 日龄。最典型的症状是排黄色、黄白色或绿色稀粪。病程 20 天左右，死亡率 20%左右。

（3）成年鸡　潜伏期 2～3 周，病程 1～5 天。一般不呈急性经过，常无临床症状，成为隐性带菌者。产蛋鸡表现产蛋率和孵化率低，死胚多。

[剖检变化] 早期急性死亡的病雏无明显病变，偶见肝肿大或出血。病程稍长的病雏，卵黄吸收不全，心肌、肺有灰褐色或白色坏死结节。肝肿大，呈土黄色，有白色、灰色坏死点，脾充血、肿大或见有坏死点，肾肿大、充血或出血，输尿管内有尿酸盐沉积。盲肠肿大，有灰白色干酪样物嵌塞肠腔。有时可见关节肿胀，关节内奶油样物质。

（1）青年鸡　主要表现肝、脾、心等器官有坏死结节，或心包积液。

（2）成年鸡　性腺发育受阻，母鸡出现较多的变形卵子，呈褐色，剪开后内含干酪样油脂状物。有时可见卵黄性腹膜炎。

[诊断方法]

（1）临床诊断　雏鸡根据流行特点、临床症状及剖检病变综合分析可作出初步诊断；青年鸡和成年鸡临床表现仅作参考，不易诊断。

鉴别诊断，要与鸡球虫病、鸡伤寒、鸡副伤寒、亚利桑那菌病和雏鸡曲霉菌病相区别。

（2）实验室诊断 ①病料作常规镜检作为诊断基础；②病料处理后进行细菌培养和生化试验鉴定；③应用全血快速凝集反应等方法作血清学反应鉴定。

［防治对策］

（1）综合性防治措施 鸡白痢既可垂直传播又可水平传播，本病的发生可贯穿鸡群的全过程。细菌对防治药物极易产生耐药性且尚无有效的免疫方法，因此综合性生物安全控制的实施是防治与净化鸡白痢的关键。

1）培育无白痢种鸡群 加强种鸡的定期检疫，严格执行检疫与淘汰制度。挑选健康鸡群、种蛋，建立健康鸡群，坚持自繁自养或全进全出，慎重地从外地引进种鸡和种蛋，杜绝病原的传入，消除群内的带菌鸡与慢性、隐性感染鸡。

2）加强鸡群、种蛋、环境、饮水及用具等常规消毒卫生措施，及时做好种蛋的收集、贮存和孵化过程中的隔离和管理，及时清理、处理鸡粪和死鸡，作无害化处理。

3）加强鸡群的饲养管理，尤其要加强育雏期的管理，食槽、饮水器等用具经常保持干净，温度、湿度、密度要适宜，保持良好的通风，饲喂全价饲料，提高鸡群的健康状态。

（2）防治方法 根据养鸡场的实际情况，采取适宜药物预防和治疗是控制和减少鸡白痢发病死亡的有效途径。抗生素喹诺酮类、磺胺类、微生态制剂都会起到一定的效用，具体选用哪种药物要结合实验室细菌药敏试验的结果确定。

药物防治鸡细菌性疾病时应注意：①药物的配伍，包括饲料中添加的药物；②按照有关规定规范用药。

2. 禽伤寒 是由鸡伤寒沙门氏菌（原称“鸡沙门氏菌”）引起的鸡和火鸡的一种败血症。表现发热、贫血、冠苍白皱缩等特征，死亡率中等或很高，这决定于病原体毒力强弱等因素。

[流行病学] 本病主要发生于鸡，不同品种和年龄都可感染发病，成年鸡常易感，多发生于中鸡和成年鸡，3 周龄以下的雏鸡发生较少。火鸡、鸭、鹌鹑等禽类也可感染发病，但野鸡、鹅、鸽不易感，人类可引起食物中毒。

病鸡和带菌鸡是主要传染源，既可垂直传播又可水平传播。带菌鸡和病鸡所产的蛋含有病菌，能传给雏鸡，使小鸡发病，这种代代垂直相传是很重要的传播方式。病鸡的排泄物含有病菌，污染饲料、饮水、运动场等，经消化道、眼结膜感染传播。带菌的鼠、鸟、蝇及用具和人员衣物等也是散播病菌的媒介。

气候和饲料等不良因素可以诱发本病或增加本病的感染率，同时对流行程度产生影响，如饲料中维生素含量增加可提高雏鸡对禽伤寒的抵抗力，蛋白质含量提高可增加死亡率。在流行地区生长的鸡比在无病地区生长的鸡抵抗力强。

[症状] 潜伏期一般为 4～5 天。经蛋感染的雏鸡表现症状与鸡白痢相似，可能表现呼吸困难。年龄较大的鸡和成年鸡，急性经过者突然停食，体温上升 1～3℃，精神委顿，嗜睡，食欲废绝，渴欲增加，羽毛松乱，冠和肉垂贫血苍白而皱缩。腹泻、排黄绿色稀粪系本病的典型症状。最初急性病鸡死亡迅速，病程长的多在 5～10 天死亡，死亡率 10%～50%或更高。慢性病鸡不同程度地下痢、消瘦、产蛋减少或停止。病程延续数周，死亡率较低，大部分能够康复，成为带菌鸡。

[剖检变化] 小鸡的肺、心和肌胃有时可见灰白色小病灶，与鸡白痢相似。大鸡的最急性病例病变轻微或不明显。病程稍长的最常见有肝、脾和肾肿大充血。亚急性和慢性病例可见肝肿大呈青铜色，肝和心肌有灰白色粟粒状坏死灶、心包炎。卡他性肠炎，小肠较严重，内容物呈淡黄绿色。产蛋母鸡表现为卵黄性腹膜炎，公鸡睾丸可见病灶。

[诊断方法]

(1) 临床诊断　根据鸡群发病情况和病鸡的症状、剖检变化，尤其是肝脏肿大呈青铜色，可以作出初步诊断。在鉴别诊断方面，本病病程不比禽霍乱、新城疫急，剖检时肝、脾极度肿大，可以与这两种病相区别，与鸡白痢区别主要依赖细菌的生化试验。

（2）实验室诊断　①青年鸡和成年鸡用血清学试验（如凝集红细胞）有助于确诊是否是沙门氏菌；②从病鸡的内脏器官（如公鸡的睾丸）作鸡沙门氏菌的分离培养和生化试验鉴定可确诊。

［防治对策］

（1）综合性防治措施　除参照鸡白痢的防治措施执行外，还应该加强防止鸟、鼠、蝇等动物进入鸡舍，散播病菌。

（2）治疗措施　鸡群发生禽伤寒后其治疗方法参照鸡白痢，还应增加饲料或饮水中维生素的含量，适宜降低饲料中的蛋白质含量可降低发病率、死亡率。

禽伤寒与鸡白痢在临床表现和血清学试验（具有相同的O抗原）很难区别，但其防治措施和治疗方法相似，药物治疗时应注意药物的抗药性和使用最敏感药物。

3. 禽副伤寒　是由多种能运动的沙门氏菌（以鼠伤寒沙门氏菌常见，其次有肠炎沙门氏菌、德乐俾沙门氏菌、鸭沙门氏菌等）引起的禽类传染病，常呈地方性流行。肠炎沙门氏菌引起的又称为肠炎沙门氏菌病。主要发生在幼禽，典型症状为腹泻，有时可导致各种幼禽高发病率和高死亡率。

本病分布于世界各国。由于产蛋量、受精率和孵化率的降低，幼禽的大批死亡，感染禽生长迟缓、体质弱而易发其他疾病，造成经济上的重大损失。诱发禽副伤寒的沙门氏菌能感染其他动物和人类，人类的沙门氏菌感染、食物中毒和人类副伤寒常来源于副伤寒的禽类、蛋品及其他产品，因此本病在公共卫生上有重要性。

［流行病学］本病能感染各种家禽和野禽，家禽中以鸡和火鸡最常见，多为急性或亚急性经过。年龄稍大和成年禽感染多为

慢性或隐性经过。

鸡常发生在孵出后两周之内，6～10 天达最高峰，1 月龄以上的鸡很少死亡。在自然情况下雏鸡死亡率 1%～20%，严重可达 80%以上。这与鸡群饲养管理、免疫抑制情况、易感性和病菌的毒力变化有关。

成年鸡感染一般不表现症状，但肠道长期带菌。病禽和带菌动物（如家禽、野禽和哺乳动物）是本病的传染源。本病既可垂直经蛋传播又可直接或间接水平传播。带菌鸡产出的带菌蛋（或者病菌污染蛋壳而进入蛋内形成的带菌蛋）孵化可出现死胚或病雏。含病菌的粪便或绒毛等是重要的传播媒介，管理人员、进入鸡场的禽类、哺乳动物及蝇、虱、蛆等都可传播。本病主要传播途径是消化道，也可通过呼吸道和眼结膜感染。

[症状] 出壳后 2 周内，雏禽感染呈急性败血症经过，往往不表现任何症状迅速死亡。病程稍长的主要表现为：嗜睡呆立、垂头闭眼，两翼下垂，羽毛松乱、厌食、饮水增加，水泄样下痢，肛门粘有粪便，怕冷，偶见神经症状、失明和呼吸困难。病程 1～4 天。

自然感染的成年禽多数成为慢性带菌者，很少急性感染，常不表现症状。有时轻度腹泻，消瘦，产蛋减少。

[剖检变化] 最急性死亡的病雏，不见病变。病期稍长的可见消瘦、脱水、卵黄凝固，肝、脾充血并有条纹状或针尖状出血和坏死灶。心包炎及心包粘连，心、肺未见结节，肠道可见出血性炎症，盲肠内有干酪样物。

成年禽慢性感染的无明显病变，急性感染的可见心包炎和腹膜炎，肝、脾、肾充血肿胀、出血或坏死性肠炎。有些产蛋母鸡可见输卵管发生坏死和增生性病灶，卵巢中有化脓和坏死灶，从而引起弥漫性腹膜炎。

[诊断方法]

（1）临床诊断　根据症状、病理变化结合鸡群既往病史，可以作出初步诊断。临床上从症状和流行病学不易与鸡白痢、禽伤寒区别。

（2）实验室诊断　从幼鸡急性病例的肝、脾等器官可以进行细菌分离培养和用血清学方法进行鉴定，但结果不确切，因为禽沙门氏菌是最常见的病原菌，且与其他肠道菌存在共同交叉凝集反应抗原。用禽场地面垫草来分离细菌，并用鞭毛抗体检验较为可靠，具有特异性。

［防治对策］ 药物治疗可以降低禽副伤寒的死亡率，控制疫情的发展和扩散。一般抗生素等化学药物都有效，必须选择最敏感药物。防治措施可参照“鸡白痢”。但防止禽副伤寒传入鸡群的措施比鸡白痢和鸡伤寒更艰巨，因为禽副伤寒沙门氏菌在自然界分布很广，很多禽类、兽类、昆虫和人都可能带菌，直接或间接感染鸡群和种蛋，因此加强生物安全控制，做好常规的隔离、消毒，成为防治本病的重要措施。

4. 禽亚利桑那菌病　是由肠道沙门氏菌亚利桑那亚种（简称亚利桑那沙门氏菌）引起的火鸡、鸡等禽的一种急性或慢性败血性传染病，又称为副大肠杆菌病。特征是下痢和腹腔器官上出现针头状坏死病灶。

［病原］ 亚利桑那沙门氏菌属于肠杆菌科沙门氏菌属的第Ⅲ亚属（《Bergey 氏手册》第 8 版），包括很多种血清型，从同一孵化场的同组雏禽所分离的培养物，其血清型常常相同，曾称副大肠杆菌。革兰染色阴性，有鞭毛，能运动，无芽孢，形态与沙门氏菌和大肠杆菌相似，为兼性需氧菌。

［流行病学］ 本菌在自然界中分布广泛，无宿主障碍，主要在爬虫类中致病，可以感染多种禽类和哺乳动物（包括人类）。在自然条件下，家禽中的鸡、鸭、鹅都可感染发病，最常见于火鸡。雏鸡易感，4～6 日龄的雏鸡最易感，死亡率可达 32%～60%，危害最大。

带菌禽是主要传染源。本病可以通过接触传播、消化道感染，患病动物的分泌物、排泄物和被污染的饲料、垫料、饮水等都可成为传染媒介；还可经卵和精液垂直传播。

[症状] 本病无特异的临床症状。多数病鸡表现为精神沉郁、不食、饮水增加，低头、翅膀下垂、嗜睡，眼睑肿胀、流泪、眼眶内有干酪样物，结膜红肿、角膜浑浊，随后出现失明。病鸡表现虚弱，全身颤抖，步态不稳，角弓反张，有时表现出突然向前冲撞或向后退缩，两足伸向外侧，跖部着地呈蹲卧姿势等神经症状。病鸡中后期下痢，排出红褐色或白绿色稀粪。有的病鸡初期呼吸急促，部分张口呼吸，并伴有啰音，后期呼吸更困难。病程2～3天，因衰竭、痉挛死亡。死亡率15%～60%，耐过鸡发育严重受阻，其产蛋率和孵化率下降。

[剖检变化] 本病是一种全身性感染，剖检可见全身败血症、腹膜炎、卵黄滞留的病变。肝质脆，肿大2～3倍，呈土黄色斑驳样或有砖红色条纹，切面有针尖大、灰色坏死点和出血点，胆囊肿大；心表面有小出血点。肌胃内膜不易分离，十二指肠肠壁增厚，内容物呈绿色，偶见盲肠内干酪样物质堵塞肠腔。肾轻度肿胀，有少量尿酸盐沉积；气管和气囊内有少量浆液性分泌物，肺有绿豆大小干酪样坏死灶。

[诊断方法] 从临床症状和病理变化等资料诊断较难，易与其他临床病变相似的疾病（如禽霍乱、其他沙门氏菌病）相混淆，且可能有混合感染，应注意鉴别。确诊必须进行病原菌的分离与鉴定和血清学诊断。

[防治对策]

（1）消灭本病很困难，因为隐性亚临床的母鸡都可经种蛋传给雏鸡。必须采取综合性防治措施，重点是防止本病传入，不引进带菌鸡。

（2）一旦发现病情，应及时隔离、确诊，应用敏感药物进行治疗很有效，但仅能控制疫情的严重程度和减少死亡，不能消灭本病。

(3) 国外有亚利桑那菌病油乳剂灭活菌苗，对预防本病有一定的效果。

沙门氏菌病是一类重要的人畜共患病。人类食用被沙门氏菌污染的畜禽及其产品，可能引起人的感染发病；肠炎沙门氏菌是主要的蛋源病原体。据报道：美国 1983—1987 年，人食源性的沙门氏菌病的暴发，有 1/3 是与禽肉和鸡蛋有关；1985—1996 年，79%的肠炎沙门氏菌病暴发是与禽蛋食品有关。

二、禽大肠杆菌病

禽大肠杆菌病是由埃希氏大肠杆菌引起家禽产生不同类型疾病的统称，主要包括胚胎和幼雏死亡、气囊炎、肉芽肿、腹膜炎和败血症等疾病，鸡、鸭、鹅等各种家禽均有本病的流行。禽源大肠杆菌对其他动物仅少数有致病性，不是其他动物的重要传染源。

禽大肠杆菌病在雏鸡和青年鸡呈急性败血症，成年鸡呈亚急性气囊炎和多发性浆膜炎。在应激或有其他病原感染或不良饲养环境条件等存在时，大肠杆菌病更为严重。

[病原] 埃希氏大肠杆菌是一种不产生芽孢的革兰阴性杆菌。大多数具有周鞭毛、能运动，但也有无鞭毛或丢失鞭毛的无动力变异株。与家禽肠道内正常寄居和大量存在的非致病性大肠杆菌，在形态、染色反应、培养特性和生化反应等方面没有什么差别，但抗原构造不同。病原性菌株一般能产生一种内毒素和一二种肠毒素。

根据菌体抗原（O 抗原）、荚膜抗原（K 抗原）和鞭毛抗原（H 抗原）的不同，可把大肠杆菌分为很多种血清型，有部分血清型菌株（如 O_2、O_{78} 等）对家禽有致病性。

[流行病学] 大肠杆菌存在于环境和禽只的肠道内，一般不易侵害正常的健康禽。当环境或禽的机体发生改变时，可能感染禽类。鸡、火鸡及鸭最常见，各种年龄的鸡均可感染大肠杆菌病，4 月龄以下易感性较高，发病率和死亡率受各种因素影响而

有差异。

大肠杆菌既可垂直传播又可水平传播。鸡蛋内、蛋表面均含有此菌，引起鸡胚和雏鸡感染发病，从消化道、呼吸道、肛门及皮肤创伤等门户都能入侵，饲料、饮水、垫草、空气等是主要传播媒介。对于青年鸡与成年鸡，大肠杆菌常与其他病原体（如传染性支气管炎、鸡新城疫等）混合感染，造成气囊炎、心包炎、肝周炎、输卵管或眼球炎等。

[症状和剖检变化] 潜伏期从数小时至 3 天不等。鸡大肠杆菌病无特征性症状，急性者体温上升，常无腹泻而突然死亡；慢性者呈现剧烈腹泻、粪便灰白色。由于病型和并发其他疾病的不同，其临床症状和剖检变化也不同。主要包括以下几方面。

（1）鸡胚和幼雏死亡　蛋壳被粪便沾污或母鸡患大肠杆菌性卵巢炎、输卵管炎，可以使鸡胚出壳就死亡，部分至 3 周龄内陆续死亡，其中以 6 日龄内的幼雏发病最多。病雏的卵黄吸收不良，有的发生脐炎（俗称大脐病）或心包炎等。

（2）呼吸道感染（气囊炎）　大肠杆菌和其他病原体合并感染引起呼吸道感染，主要发生于 5～12 周龄，6～9 周龄为发病高峰。病变限于呼吸系统，表现为气囊壁增厚，表面有干酪样物沉积，心包膜增厚，心包液增量、浑浊，肝肿大，质地脆弱，被膜增厚，被膜下散在大小不等的出血点和坏死灶。

（3）急性败血症　在临床上较为常见，多发生于 6～10 周龄肉鸡。最典型的病变是肝脏肿大呈绿色，有白色小坏死灶或肝表面被一层白色的纤维膜覆盖，即肝周炎，同时易产生心包炎、腹膜炎、输卵管炎等；后期会出现眼炎，甚至造成失明。

（4）大肠杆菌性肉芽肿　在肝、盲肠、十二指肠和肠系膜呈现典型的肉芽肿，但在脾上没有。这种病例不常见。

在临床上，大肠杆菌病有时还会表现关节炎（或关节性滑膜炎）和出血性肠炎，表现出关节化脓和肠黏膜、肌肉、皮下、心、肝出血。

［诊断方法］

（1）临床诊断　通过典型临床症状、病理变化及流行情况可以初步诊断。但时常表现复杂，不易诊断。一方面鸡大肠杆菌病的各种类型易与引起同一症状或病变的病混淆，如沙门氏菌病、衣原体、巴氏菌病等；另一方面在多数情况下鸡大肠杆菌病与其他疾病并发。

（2）实验诊断　无菌采集新鲜死鸡的心、血、肝和心包液等样品作细菌培养分离，用生化反应和接种试验进行鉴定，并区分是否是致病性大肠杆菌。

［防治对策］

（1）控制措施　本病的控制无特异方法。应从改善饲养管理，降低饲养密度，加强环境、种蛋的消毒，减少应激因素，控制其他疾病的发生着手，可以减少或避免诱发大肠杆菌病的流行和发生。

（2）在免疫方面　近几年来很多国家或地区探索和研究大肠杆菌的预防用弱毒苗和灭活菌苗。由于大肠杆菌的血清型多，菌苗的效果不很理想。有专家建议用含有 O_1、O_2 和 O_{18} 这 3 种血清型和本地（场）分离到的致病性大肠杆菌混合制成灭活苗，有较好的效果。种鸡二次免疫使雏鸡获得被动保护。

（3）治疗本病的药物很多，但易产生耐药性的菌株，用药前最好先做药敏试验。

大肠杆菌病是条件性致病菌引起的一种疾病。当鸡群感染传染性支气管炎病毒、鸡新城疫病毒等呼吸道病毒后，其对埃希氏大肠杆菌敏感性增高。因此，加强饲养管理和消毒卫生措施，减少应激，防治传染性支气管炎病毒、鸡新城疫病毒等病毒感染是防治大肠杆菌病的首要任务。

三、巴氏杆菌病

巴氏杆菌病是由巴氏杆菌属的细菌感染而引起的一种传染病

的总称。巴氏杆菌属对禽类有致病性的主要是多杀性巴氏杆菌、鸡巴氏杆菌、溶血性巴氏杆菌和鸭疫巴氏杆菌，其中多杀性巴氏杆菌和鸭疫巴氏杆菌对养禽业危害较大，具有重要的经济意义。

禽霍乱 是由多杀性巴氏杆菌引起禽类的一种急性败血性传染病。其特征是突然发病、高热、下痢和败血症，发病率和死亡率很高，有时也表现为慢性经过。又称禽出血性败血病、败血性巴氏杆菌感染、禽巴氏杆菌病。禽霍乱是一种呈世界分布的常见病，危害各种禽类。

[病原] 多杀性巴氏杆菌的禽型菌株又称禽霍乱巴氏杆菌，是卵圆形或短杆状的革兰阴性杆菌；有荚膜，无芽孢和鞭毛，不运动，经姬姆萨、瑞氏和美蓝染色，呈两极染色。根据菌体的荚膜抗原可将多杀性巴氏杆菌分为A、B、C、D、E型。禽霍乱主要是属于A型，也见于D型。

本菌对环境和消毒药抵抗力不强，但在肉品、粪便和寒冷情况下存活时间较长。

[流行病学] 鸡、鸭、鹅和火鸡等禽类对本病都有易感性，各品种、年龄的鸡均可发生，3～4月龄的鸡（即开产前后）和产蛋鸡多发，多为散发，较少发生流行。健康家禽的呼吸道常有此病菌存在，是一种条件性致病菌。病鸡、康复鸡或健康带菌鸡是主要的传染源。消化道和呼吸道是本病的主要传播途径。病禽的排泄物及其他分泌物污染饲料、水、用具通过消化道传染给健康禽；病禽咳嗽，飞沫经呼吸道也可传染，蝇或其他动物或人也可传播。

本病无明显的季节性，但以秋季和初冬季节最多；气候变化、饲养条件改变、营养缺乏、长途运输、转群、寄生虫病等应激或疾病均可诱发本病。

[症状] 本病自然感染的潜伏期一般为2～6天。鸡的抵抗力和病菌的致病力不同，临床表现也有差异，一般可分为最急性型、急性型和慢性型3种病型。

（1）最急性型　常见于流行初期，以产蛋量大的鸡最常见。病鸡常无前驱临诊症状，突然死亡，生前不显任何症状。多是夜间死亡，早晨发现，常见于肥大鸡只。

（2）急性型　最为常见。随病的发展，病鸡表现沉郁，不活动，羽毛松乱，缩颈闭眼，体温升高至43～44℃，不食多饮。呼吸困难，口鼻分泌物增加，排出黄、灰或绿色稀粪，鸡冠和肉髯变青紫或肿胀，产蛋鸡产蛋停止。最后衰竭、昏迷，1～3天死亡，致死率较高。

（3）慢性型　多见于流行后期或急性转变而来。以呈顽固的慢性局部炎症如慢性肺炎、慢性呼吸道炎症和肠炎为多见。精神不振，冠苍白，消瘦、腹泻，不产蛋或少量产蛋等一般性症状。有的肉髯肿大、有脓性干酪样坏死或关节炎等。病程可达1个月以上。不死的鸡生长增重下降，不产蛋，且成为传播病原的带菌者，应及早淘汰。

［剖检变化］ 最急性型死亡的无特殊病变。急性型病死鸡可见腹膜、皮下组织、腹部脂肪、心冠脂肪和心外膜有小出血点，心肌炎、心包积液，胸腔有纤维素性渗出物。肺充血、出血，十二指肠和肌胃出血显著，整个肠道呈卡他性或出血性肠炎，肠内容物含有血液。肝脏的病变具有特征性，肝肿大，质脆，呈棕色或黄棕色，表面有许多灰白色针尖大小的坏死点。

慢性病例常在某一局部，如鼻腔和鼻窦黏性分泌物多、肺硬变、关节炎、腹膜炎、气囊炎等病变。公鸡肉髯水肿，有干酪样物。

［诊断方法］

（1）临床诊断　根据发病情况（如鸡、鸭同时发病）、症状和病理变化特征，结合药物治疗情况，一般可以作出可靠的初步诊断。临床上可以与鸡的其他呼吸道疾病（如鸡新城疫、传染性鼻炎）和关节炎类疾病区别，易与伪结核病混淆。

（2）实验室诊断　病鸡肝组织染色镜检；采集病死鸡的肝、

脾、血等进行培养分离病菌，根据菌落和细菌形态，结合小鼠动物接种试验确定多杀性巴氏杆菌。

血清学方法如凝集反应不能鉴定和诊断禽霍乱，但可用于抗原性鉴定。

［**防治对策**］

（1）综合性防治措施　加强饲养管理，严格执行消毒卫生和防疫制度，严禁鸡、鸭及其他家禽混养，减少应激因素的产生，是防治禽霍乱的重要措施。

（2）预防　预防本病的菌苗分为弱毒苗和灭活苗。在高发地区应当使用弱毒苗，产蛋前注射两次，免疫期3～5个月。用本地发生禽霍乱的病死鸡组织制成灭活苗，免疫接种，有很好的免疫保护和预防作用。在气温变化的时候，应用抗生素或磺胺类药物，对预防禽霍乱有一定的效果。

（3）疫情处置　禽霍乱发生后要及时采取有效的防治措施，加强隔离和消毒工作，病死鸡和粪便作无害化处理。通过药敏试验，经饲料或饮水给鸡群用药，可控制疫情的发展，减少死亡。

禽霍乱的发生多数与饲养管理和应激因素的诱发有关。饲养管理条件好，气温变化对鸡群无影响，无应激发生，隔离和消毒规范，鸡群一般不会发生禽霍乱。

2. 鸡巴氏杆菌感染　常见于鸡和火鸡，但常在并发其他呼吸道感染时才表现出来。

［**病原**］鸡巴氏杆菌为革兰阴性短杆菌，单在或短链状，有荚膜并呈两极着色，存在于鸡和火鸡的呼吸道。

［**症状或病变**］通常表现为慢性呼吸道性感染，肉髯肿胀和炎症很少。

［**诊断方法**］主要通过采取病死鸡的窦、气管、气囊和肺分离鸡巴氏杆菌。根据菌落和细菌形态进行鉴定，并与多杀性巴氏杆菌、传染性鼻炎、支原体等进行鉴别。在临床上很难鉴别。

［**防治**］同“禽霍乱”。

鸡巴氏杆菌分布很广，世界上养鸡发达的国家，如美国、澳大利亚等均有报道，一般认为没有经济意义，因此不被重视。

四、溶血性巴氏杆菌感染

溶血性巴氏杆菌感染是一种伴发性疾病，常因某些诱发性因素而引起。

在正常的鸡群中，鸡发生感染的概率很高，世界分布很广，多数养鸡业发达的国家都有报道，但无经济上的重要性。

［**病原**］溶血性巴氏杆菌为革兰阴性菌，不运动，不产生芽孢，两极着色，与多杀性巴氏杆菌相似；在血液平板上培养的菌落有明显β溶血。

［**流行病学**］溶血性巴氏杆菌对牛和绵羊有很强的致病性，对禽的致病作用尚难确定，且多是继发感染。

［**症状和病变**］溶血性巴氏杆菌感染常涉及呼吸道，表现为呼吸困难。当败血症感染时，内脏有斑点状出血，肝脏有坏死区，产蛋鸡有输卵管炎和腹膜炎。

［**诊断方法**］临床上诊断本菌感染是很不确定的。实验室诊断时可能同时分离出其他巴氏杆菌，它不是原发性病原，而是伴发性、继发性的，因此很难确诊。

［**防治对策**］参照“禽霍乱”，一般抗菌药物都有效。

五、禽伪结核病

禽伪结核病是伪结核耶尔森菌引起禽的一种接触性传染病。主要特征是腹泻和败血症。

伪结核病分布于全世界，主要发生于啮齿类动物。可引起火鸡比较高的死亡率，在鸡临床发生较少。人也可感染，是人畜共患传染病。

［**病原**］伪结核耶尔森菌为革兰阴性菌，单个或短链或呈丝状，有鞭毛，能运动；对热和消毒药的抵抗力不强。

伪结核耶尔森菌有H抗原5种（A～E）和O抗原6种（Ⅰ～Ⅵ），从禽分出的血清Ⅰ型最多，其次是Ⅱ、Ⅳ型，Ⅳ型菌无致病性。

［流行病学］火鸡、鸡、鸭、野鸟等禽都可感染发病，呈地方流行。带菌的兔、鸟和鼠是本病的主要传染源，可经消化道和伤口感染，注射可引起人工感染。冬季天气寒冷可能是发病的诱因。

［临床症状］潜伏期2～15天。发病初为急性败血型，无明显症状而突然死亡，或者1～2天死亡。主要症状为腹泻和败血症。病程稍长的或慢性病例表现为消瘦，呼吸困难，腹泻，最后败血症死亡。

［剖检变化］肝、脾肿大，肝、脾、肠黏膜和浆膜及肠系膜淋巴结等器官有黄色或灰色的坏死灶；肠道可见卡他性或出血性肠炎。

［诊断方法］本病在临床上报道不多，仅从临床表现和细菌形态很难与沙门氏菌病、禽霍乱病区别；主要依赖细菌的培养和生化反应进行鉴别。在病早期或发生败血症的病例可取血液，活体检查时还可采取粪便分离培养。对分离菌的血清型，可用标准血清进行鉴定。

［防治对策］

（1）综合防治措施　与普通细菌病不同的是建立无病群，防止鸡与鼠、兔和野鸟接触。

（2）本病无特异免疫的疫苗。

（3）本病发生后，用抗革兰阴性菌药物治疗，可迅速控制本病的病情发展。

六、鸡葡萄球菌病

鸡葡萄球菌病（Chicken Staphylococcosis）通常称为鸡葡萄球菌感染，是由金黄色葡萄球菌引起的鸡的急性败血性或慢性传染病。主要表现为急性败血症、关节炎、雏鸡脐炎、皮下水肿、皮肤坏死和滑膜炎。如果治疗不及时，可引起雏鸡和中雏高死亡率，是规模鸡场危害严重的疾病之一。

［**病原**］葡萄球菌属于葡萄球菌属，革兰阳性、无荚膜，不产生芽孢、无鞭毛、不运动。在自然界中分布很广，在空气、土壤、水、饲料、健康禽类的皮肤、羽毛、黏膜及肠道大量存在。

葡萄球菌一般分为金黄色葡萄球菌、表皮葡萄球菌和腐生葡萄球菌3种。鸡的葡萄球菌病主要是由金黄色葡萄球菌引起的。细菌的毒力强弱、致病力大小常与细菌产生的毒素和酶有关。不同鸡场、不同饲养环境下发病率和死亡率也有差异，死亡率一般在2%～50%。

［**流行病学**］鸡葡萄球菌病是一种条件性疾病。创伤是主要传染途径，直接接触和空气也可传播；雏鸡脐带感染是常见的感染途径。平养的笼具、垫料粗糙等可能造成皮肤、黏膜损伤是本病发生的诱因。各种年龄和品种的禽均可发生，尤其是火鸡、鸡及雉等，而以40～60日龄雏禽发病最多，中雏发生皮肤病，成鸡发生关节炎和关节滑膜炎。

鸡群饲养管理水平差，如密度过大、拥挤、通风不良、啄癖、营养缺乏、卫生太差及疾病（如鸡痘）都可能促进本病的发生、加重病情和死亡，甚至引起暴发。季节对本病无明显影响，一般是多雨潮湿季节发生较多。

［**症状**］主要表现为急性败血症、关节炎和脐炎三大类型。病鸡发热、精神差，少食，败血症型特征性症状，常见的表现为胸腹部及大腿内侧皮下水肿，有波动感，内有血样渗出物，外观呈紫色或紫黑色，局部潮湿，羽毛易脱落，翅和尾部等部位的皮肤出血、炎性坏死。早期病例可见皮肤湿润，呈暗紫色、溶血、糜烂。中雏多发，死亡率较高，病鸡多于病后2～5天死亡。

产蛋鸡和肉鸡还常表现为关节炎，跗关节肿胀，跛行，不能站立，喜卧。幼雏还可表现为脐炎，主要见腹部膨大，脐孔发炎肿大（“大肚脐”），2～5天死亡，对雏鸡造成一定的危害。

鸡葡萄球菌病还可表现为眼型、肺型（呼吸困难）等，临床较少见。其他禽类以局灶性关节化脓多见，也可见到腹泻、化脓性脊髓炎和脐炎。

［剖检变化］急性败血型的病变明显，主要见脐炎和皮下水肿。幼雏以脐炎变化为主，脐部肿大，紫黑色，内有暗红色液体，时间长可见脓性干涸坏死物，卵黄吸收不良，肝有出血点。中雏的胸腹部及大腿内侧皮下水肿、充血、溶血，呈弥漫性紫红色，积有大量胶冻样粉红色或茶红色水肿液。肌肉有条纹或斑点状出血。肝肿大，有花纹样变化，小叶明显；后期可见肝、脾有白色坏死点。心包积液，呈黄红色半透明。

关节炎型、眼型、肺型均可见局部炎症。

［诊断方法］

（1）临床诊断　从发病的特点（皮肤外伤等），临床症状（皮下水肿）和剖检变化可初步诊断本病。鉴别诊断时，应注意与引起跛行的腿部疾病如大肠杆菌病、禽霍乱等区别；与引起败血症的疾病相区别，但皮肤变化是最有特征性的。

（2）实验室诊断　细菌学检查如直接镜检和分离培养是确诊本病的主要方法。

［防治对策］

（1）综合性防治措施　鸡葡萄球菌病是一种条件性疾病，需要采取经常性的防治措施：①防止发生外伤，改善笼具、垫料，避免网刺伤皮肤；②做好皮肤外伤的消毒处理；③做好鸡痘免疫，避免鸡痘的发生；④加强孵化厅和鸡舍的消毒、卫生工作，减少环境中的细菌含量，降低感染机会；⑤加强饲养管理，做到营养全面、密度合理、通风良好、温湿度适宜等，减少诱发因素。

（2）发生鸡葡萄球菌病的鸡场可在20日龄注射多价灭活菌苗，有一定的预防效果。

（3）治疗　鸡群一旦发病，要立即全群药物治疗，这是本病的主要防治措施。临床上治疗鸡葡萄球菌病的药物有青霉素（5万～10万单位肌内注射，2次×3天）、庆大霉素（3 000～5 000单位肌内注射），土霉素（拌料）等常用药。有条件的鸡场最好通过药敏试验选择敏感药物。

药物对鸡葡萄球菌病是有防治作用的，但要注意药物用量、用法，在常发鸡场还要注意葡萄球菌的抗药性，选用不常用的抗菌药物，可迅速控制本病。

附：脚趾脓肿，俗称趾瘤病，是鸡葡萄球菌病的一种病型。鸡的脚底及周围组织由于损伤感染形成一种球形脓肿，多见于肉用种鸡。

［防治］

（1）预防　加强饲养管理，地面清洁干燥、勤换垫料。

（2）治疗　手术切开患部，排除脓液，做好伤口消毒和消炎，应用磺胺类药物或抗生素治疗可痊愈。

七、禽链球菌病

禽链球菌病是由链球菌引起鸡胚死亡和鸡只急性、败血性或慢性感染的传染病，多呈地方性流行。其特征是败血症、发绀、下痢，以及成年鸡头部周围有出血区域，幼鸡发生心包炎和高死亡率等。

［病原］链球菌属于革兰阳性菌，兼性厌氧，不运动，无芽孢，呈单个、成对或短链存在。禽链球菌病是由链球菌属中的β溶血性链球菌引起，主要有兰氏抗原血清群C群的兽疫链球菌和D群的粪链球菌、粪便链球菌、鸟链球菌、坚忍链球菌，多为继发性的。

［流行病学］链球菌广泛存在，是禽类肠道菌群的组成部分，其引起鸡群发病多与应激因素（如气候变化、低温、潮湿、拥挤和疾病）诱发有关。本病的主要传播途径是通过口腔和空气传

播，经损伤的皮肤和黏膜也可感染，也可垂直传播。各年龄禽对粪链球菌均易感发病，尤其是鸡胚和雏鸡，发病率和死亡率高。兽疫链球菌可感染成年鸡，多不发病。其他链球菌对鸡无致病性。

［**症状**］急性败血型表现为突然发病，精神委顿，嗜睡，食欲差，羽毛粗乱，腹泻，呼吸困难，鸡冠和肉垂苍白或发紫，有时可见肿大。有的病鸡发生结膜炎。产蛋鸡可表现产蛋下降或停止。

亚急性兽疫链球菌经蛋感染还可表现为胚胎后期死亡，慢性型则表现消瘦、跛行或头部震颤，还可能加重眼疾。

［**剖检变化**］急性型病变特征是脾肿大，肝脏肿大、脂肪变性，肾稍肿大；皮下和心包可能有积液，呈血红色。有的可见出血性肠炎和腹膜炎。

慢性型病变可表现为纤维素性关节炎、腱鞘炎、输卵管炎、纤维素性心包炎和肝周炎、坏死性心肌炎、心瓣膜炎和有疣状赘生物。肝脾发生梗死，肝梗死主要表现在肝的腹后缘。

［**诊断方法**］

（1）临床诊断　根据病史、症状及病变作初步诊断。但要与大肠杆菌、鸡白痢、禽霍乱等败血性细菌疾病鉴别。

（2）实验室诊断　采集病死鸡的肝、脾、胚液等病料直接镜检可以初步诊断；经细菌培养、分离或生化反应可以确诊。注意并发或继发疾病。

［**防治对策**］本病无特异性预防方法，主要是采取综合性防治措施：如加强饲养管理、加强消毒、减少应激的产生。本病发生后，一般抗生素均有效，可迅速控制疫情发展。

八、鸡传染性鼻炎

鸡传染性鼻炎（Infectious Coryza，IC）是由鸡副嗜血杆菌引起的鸡急性呼吸系统疾病。主要症状为鼻腔与窦发炎、流鼻涕、结膜炎、脸部肿胀和打喷嚏。

本病1930年被发现，分布于全世界。因其导致感染鸡产蛋减少10%～40%、生长停滞及淘汰鸡增加，所以，给养鸡业造成较大的经济损失。

[病原] 嗜血杆菌属中的鸡副嗜血杆菌，是一类需要血中的生长因子（V因子）才能生长的、革兰阴性小球杆菌，呈两极染色、不形成芽孢、无荚膜、无鞭毛、不能运动。鸡副嗜血杆菌分为A、B、C 3个血清型，在我国多见A型菌株，少数是C型。

本菌的抵抗力很弱，对环境、热及消毒药都很敏感。

[流行病学] 本病主要发生于鸡，各种年龄的鸡均可发病，尤其是产蛋鸡群（蛋鸡和肉种鸡）等老鸡感染较为严重，3～4日龄的雏鸡则稍有抵抗力。人工接种病菌时，雏鸡多数出现典型的症状。

病鸡及隐性带菌鸡是传染源，而慢性患者及隐性带菌鸡是鸡群中发生本病的重要原因。本病传染途径主要以飞沫及尘埃经呼吸道传播，也可经污染的饲料和饮水经消化道传播，麻雀也能成为传播媒介。

此病的发生具有来势猛、传播快的特点。一般鸡场感染该病菌3～5天即可波及全群和全场鸡只。本病多发生于秋冬两季，这可能与气候和饲养管理有关，如鸡群拥挤、各种鸡混养、鸡舍寒冷潮湿、通风不良、营养缺乏、管理不当和寄生虫病等都是本病发生和造成严重损失的诱因。常呈地方性流行。

[症状] 本病潜伏期短，一般1～3天。发病的严重程度和致死率与鸡群的饲养管理、健康状况和感染菌株毒力有关。

发病后的主要表现是食欲明显下降，流鼻涕，病鸡甩头，后期有呼吸困难症状、颜面浮肿、眼结膜炎、部分鸡只肉垂水肿；有时下痢，排绿色粪便。鸡群发病1周左右，产蛋鸡产蛋率明显下降，最高可下降50%，甚至更多。育成鸡发病表现为生长不良。本病发病率高，死亡率低，有时仅见早期有少数鸡只窒息死亡。少数严重的病鸡，可能发生鸡副嗜血杆菌脑膜炎，表现急性神经症状而死。如果继发或并发感染，死亡率增加。全群鸡康复过程中产蛋量也回升。病程一般为4～8天，在夏季常较缓和，病程亦较短。

[剖检变化] 主要病变是上呼吸道（鼻腔和窦黏膜）呈急性卡他性炎症。鼻腔和窦黏膜充血、水肿，表面有大量黏液或渗出物。常见卡他性结膜炎，结膜充血、肿胀，脸部和肉髯皮下水肿。有时可见气管黏膜炎症，个别可见肺炎和气囊炎。产蛋鸡发病时，可造成卵黄性腹膜炎。

[诊断方法]

（1）临床诊断　从鸡群发病的特点（如传播迅速，死亡率不高等）、临床症状（流鼻涕、颜面浮肿）及病变可以初步诊断为本病。但不能一概而论，一方面本病和传染性支气管炎、慢性呼吸道病、禽痘、维生素缺乏症等呼吸道疾病的症状相似，从症状上很难区别；另一方面本病常并发或诱发感染，鸡群临床表现有差异，因此给本病临床诊断带来困难。

（2）实验室诊断　①采集早期急性发病的病鸡窦内、气管的分泌物进行细菌培养鉴定或接种2～3只健康鸡；②血清学诊断主要是血清快速凝集试验和琼脂扩散试验等。

[防治对策]

（1）综合性防治措施　做好生物安全控制工作，防止引进病鸡；加强饲养管理，减少应激因素的诱发；加强消毒、卫生措施的实施，尤其采取带鸡消毒和饮水消毒对减少本病的传播和降低损失，具有重要作用。

（2）疫苗免疫　常发地区或鸡场应用A、C型二价灭活苗于35和120日龄两次注射免疫（为了操作方便，可使用传染性鼻炎与新城疫二联灭活苗），可以保护产蛋鸡不发病。

（3）治疗　各种抗生素和磺胺类药物对本病都有效。如磺胺二甲基嘧啶 0.05％拌料或饮水，连用 5 天。鸡群饮食减少时，可采取肌内注射方法治疗，对减轻病症、缩短病程和减少损失有很好的效果。

应用药物治疗鸡传染性鼻炎，临床上很有效，但不能消除带菌者，停止治疗，可能又复发。因此，采取综合性防治措施，常发病鸡场做好免疫接种工作是非常重要的。

九、禽结核病

禽结核病是由禽分枝杆菌引起的一种禽慢性接触性传染病。主要特征是发病病程长、鸡冠萎缩、产蛋停止，内脏器官可见结核结节。

禽结核病是一种人畜共患病，牛、猪和人也偶尔发生。鸡场发生本病时，难以治愈、控制和消灭，经济损失大。

［病原］ 禽分枝杆菌是分枝杆菌属的结核分枝杆菌的一种，革兰阳性。本菌不产生芽孢和荚膜，不能运动，最大的特点是具有抗酸染色性特征。

本菌对低温有抵抗力，一般消毒药可杀死，对常用磺胺药物、青霉素及广谱抗生素不敏感。

［流行病学］ 所有的禽类都可被禽分枝杆菌感染，鸡最易感，火鸡、鸭、鹅也可发病。各种年龄的鸡都可感染，成年鸡和老鸡多发，这是因为禽结核病的病程发展缓慢。病鸡是结核病的传播来源，其排出的大量禽分枝杆菌会污染空气和周围环境，经呼吸道、消化道、皮肤伤口传染给健康鸡、禽和其他哺乳动物；交配感染也有可能，卵巢和产道的结核病变可使鸡蛋带菌，使鸡胚感染。

［症状］ 人工感染禽结核病的潜伏期为 2～3 周，自然感染结核病的潜伏期为 2～12 个月。病程持续 2～3 个月，甚至达 1 年。

本病的病性发展慢，早期看不到明显的症状。随着病情的发展，可见病鸡精神差，生产不良，进行性消瘦，体重减轻；肌肉萎缩，尤见胸肌。鸡冠、肉垂苍白、严重贫血，有时可见下痢，跛行，一侧翅膀下垂和呼吸异常。产蛋鸡群表现产蛋下降或停止。病禽因衰竭或因肝变性破裂而突然死亡。

［**剖检变化**］本病的特征性病变多见于肝、脾、肺、肠、关节等处出现不规则、浅灰黄色、大小不一的结核结节。肝肿大，呈棕红色，脾肿大，切开肝、脾见有大小不一的结节状干酪样病灶；感染的关节肿胀，内含干酪样物质。肠道溃疡，外表可见结节。其他器官如卵巢、睾丸等少见。

［**诊断方法**］

（1）临床诊断　根据鸡群发病情况、临床表现和剖检变化的特点，不难作出初步诊断。但要与禽伤寒、副伤寒、禽霍乱和真菌类等慢性感染性疾病区别。

（2）实验室诊断　除实验室细菌培养分离、鉴定和血清学方法外，生产上最常用的方法主要有两种：①禽型结核菌素试验；②取典型的结核病变制成抗酸涂片镜检。

［**防治对策**］

（1）综合性防治措施　在无结核病地区建鸡场；加强鸡群生物安全措施的实施，防止疾病传入，定期进行结核检疫，消除传染源，净化鸡群，培育健康鸡群。

（2）疫情处置　发生疫情后，一方面要剔除病鸡，防止传染其他鸡只；另一方面加强消毒和药物防治，选用敏感药物治疗可以控制疫情的发展和严重程度，但不能消灭病原。彻底消灭病原的措施是发现病鸡立即扑杀，以群为单位进行淘汰（不进行药物治疗），环境要彻底消毒。

禽结核病虽然不是人感染动物结核病的主要来源，但其对禽产品的质量和食品安全造成了严重的威胁。

十、丹毒

丹毒是由丹毒杆菌引起禽类和哺乳动物（包括人）的一种急

性败血性传染病。

本病呈世界分布，丹毒杆菌常存在于带菌动物、含有病原体的腐败尸体、鱼及其制品，外寄生虫、水、污物和土壤中。火鸡、鸡、水禽等多种禽类和哺乳类动物都可感染；人通过伤口感染，称“类丹毒”。

［**病原**］红斑丹毒丝菌又称猪丹毒杆菌，革兰阳性、不运动，不形成荚膜和芽孢。估计丹毒有26个血清型，最常见的是血清1型、5型、6型和9型。丹毒杆菌对外界环境的抵抗力强。

据报道，日本一些鸡场检测出鸡丹毒感染率很高，鸡可能是丹毒菌的天然潜在宿主，是人类丹毒的一个传染源。

［**流行病学**］许多禽类都能感染，火鸡易感，4～7月龄的火鸡多发。鸡、鸭、鹅等禽类较易感，鱼、鼠等体内可分离出丹毒杆菌；猪、绵羊能贮存本菌，并排到自然界中，是本病的传染源。散养鸡比笼养鸡感染的概率大。

本病可通过伤口、消化道感染，同舍鸡啄食病鸡及配种都能传播。秋冬季节发病较频繁。

［**症状**］急性败血型死前出现精神沉郁、嗜睡、羽毛松乱、腹泻、全身虚弱、卧地不起和猝死等症状。有时可见鸡冠、头部肿胀，皮肤发绀，呼吸困难。产蛋鸡还出现死亡率升高和产蛋率、受精率下降。本病病程2～10天。慢性病例可见有化脓性关节炎、心包炎和腹膜炎症状。

鸭、鹅等禽类的临床症状多为败血性经过，且侵害输卵管。

［**剖检变化**］在伤口感染部位的皮肤出现红斑和水肿，肝、脾等内脏器官肿胀、出血、坏死，腹腔脂肪、心肌和心外膜出血，以及输卵管炎、腹膜炎、肠炎。慢性丹毒主要是化脓性关节炎、心内膜炎。

［**诊断方法**］鸡丹毒较为少见，在临床上诊断急性丹毒时应与其他急性败血症区别，如禽霍乱、沙门氏菌病等。主要通过实验室镜检和细菌分离鉴定来确诊。

［防治对策］加强综合性防治措施，禽（尤其火鸡）应避免与猪圈在一起，鸡舍应加强消毒。发生丹毒后，一方面用碱性消毒剂全面消毒，另一方面病鸡隔离，全群用敏感药物进行治疗，肌内注射，拌料或饮水均有较好的效果。据报道，用青霉素拌料或饮水治疗能降低死亡率，但停药后易复发。

十一、禽梭状芽孢杆菌感染

梭状芽孢杆菌属的细菌一般为革兰阳性，能形成芽孢，除产气荚膜梭菌外都有鞭毛，不形成荚膜，对畜禽有致病性的有10多种，其致病性梭菌均能产生强烈的外毒素。梭状芽孢杆菌可引起禽类多种疫病，主要有肉毒梭菌中毒症、溃疡性肠炎、坏死性肠炎和坏疽性皮炎。

1. 肉毒梭菌中毒症 是由于摄入含有肉毒梭菌毒素的食物或饲料而发生的一种中毒性疾病，简称肉毒中毒，又叫软颈病、西方鸭病、延脑性麻痹、碱病。以呈现运动中枢神经麻痹和延脑麻痹的症状为特征。

本病是全球性的家禽和水禽疾病，主要由禽肉毒梭菌C型引起，少数由A型或E型引起，致死率很高，尤其可引起大批水禽发病死亡，造成严重的损失。

［病原］肉毒梭状芽孢杆菌又叫肉毒梭菌，是一种革兰阳性腐生菌，有芽孢、厌氧，广泛存在于自然界。肉毒梭菌本身不引起疾病，其致病性是由其产生的毒素引起的。其产生的毒素毒力极强，有耐受胃酸、胃蛋白酶和胰蛋白酶的作用，在消化道内不被破坏；耐高温，A型毒素毒性最强。鸡、鸭等禽肉毒中毒主要由C型菌引起，也有A型和E型。

［流行病学］本病在各个地区都可发生，主要随饲养和放牧的卫生条件而异。各种年龄的禽均可发生，家禽中鸡、火鸡、鸭、鹅较常见，其他动物也可发生，人也可感染，是一种人畜共患病。

自然发病主要是由于摄食腐烂饲料、腐败尸体或被毒素污染的饲料、饮水引起，生长于腐肉中的蝇蛆和甲虫常有毒素，鸡、鸭食后引起中毒。

本病常在温暖的季节发生，秋冬季较少，因为气温高，有利于肉毒梭菌生长和毒素产生。

［**症状**］本病潜伏期多为4～20小时，长的达数天，主要决定于禽的种类和毒素摄入量。一般发病突然，无精神、嗜睡，最突出的症状是颈部肌肉麻痹，头颈软弱无力，翅膀麻痹而下垂，腿肌麻痹而不能站立、行走，眼睑下垂，下痢、排出绿色粪便。最后由于心脏和呼吸衰竭死亡，病情轻者可表现共济失调死亡或康复。

［**剖检变化**］无特异性病理变化，有时可见咽喉和胃肠黏膜有小出血点。

［**诊断方法**］

（1）临床诊断　调查发病原因和经过，观察临床症状、病理变化进行分析可以初步诊断。其初期的麻痹症状容易与马立克氏病、禽脑脊髓炎、鸡新城疫相混淆，与真菌毒素中毒等中毒相似，注意鉴别诊断。

（2）实验室诊断　主要是检测血液和胃内容物的毒素，一般不可以通过细菌培养和鉴定来确诊。

［**防治对策**］

（1）加强环境卫生和饲料的管理，使家禽不会接触或吃食腐败的动物、尸体，不饲喂腐败的肉、鱼粉和饲料；病死鸡要及时清理和无害化处理，避免腐败。

（2）本病无特效药物，只能对症治疗。成年鸡按5克/只混饲泻盐，或0.03%高锰酸钾饮水，早期应用抗毒素可能有效果。

2. 溃疡性肠炎　是由大肠梭状芽孢杆菌引起的鹌鹑、鸡等的一种急性肠道传染病，以消化道溃疡和局灶性或弥漫性肝坏死为特征。本病首次报道是鹌鹑的地方性流行病（又名鹌鹑病），后来发现鸡等禽类也可感染发病，呈世界性分布。

[病原] 大肠梭状芽孢杆菌（又称大肠梭菌），革兰阳性大杆菌，有芽孢、厌氧，主要存在病禽的肝脏和肠道。

[流行病学] 很多禽都可感染，鹌鹑最敏感，鸡、火鸡、鸽等都能自然感染，尤以3～12周龄的幼禽较易感。本病主要经消化道感染，发病恢复的禽或耐过的带菌者是主要传染来源；一些昆虫或节肢动物（如苍蝇、蚊子）可机械地散播本病。本病常与球虫病并发，或发生在球虫病之后；饲养管理和卫生条件差可诱发本病。

[症状] 急性死亡的病禽几乎不表现明显的症状，病程稍长的可表现为食欲下降、饮欲增加、下痢，排出白色水样稀粪；消瘦，死亡率2%～100%。

[剖检变化] 鹌鹑表现较明显。以十二指肠发生出血性肠炎为主，肠壁有小点状出血；小肠、盲肠可能坏死和溃疡，溃疡可造成肠穿孔，引起腹膜炎。肝肿大、充血、出血、有黄色坏死区，脾肿大、出血。

[诊断方法] 根据肠管的溃疡及伴发肝坏死和脾肿大出血可以初步诊断；但要与坏死性肠炎、球虫病及组织滴虫病相区别，它们的临床表现和镜检是不同的。本病的确诊主要是依赖实验室诊断（以肝作病料进行病原的培养、分离和鉴定）。

[防治对策] 本病可以用常用的抗生素（链霉素、杆菌肽等注射或饮水给药）进行治疗，有一定的疗效。防治的关键是采取综合性防治措施，加强饲养管理，加强隔离、消毒和卫生等措施，可有效防止溃疡性肠炎的发生。

3. 坏死性肠炎 是由产气荚膜梭菌引起鸡和火鸡的肠黏膜坏死的一种急性传染病，又叫产气荚膜梭状芽孢杆菌感染(CP)，对养鸡业危害很大。国内外均有本病发生的报道，多呈散发。近年来肉鸡感染本病遍布全世界，已经成为一种公认的严重疾病。

［**病原**］魏氏梭菌又叫产气荚膜梭状芽孢杆菌，革兰阳性菌，广泛存在于动物肠道和自然界。A型、C型魏氏梭菌在小肠产生α、β毒素，是引起坏死性肠炎的主要毒素，损伤肠黏膜，产生血毒症和/或肠坏死。当球虫侵害肠黏膜或者饲料配比不当引起肠道菌群变化，可导致本病的发生或病情加剧。

［**流行病学**］各种年龄的鸡都可发病，以2～6周龄的雏鸡多发，尤其2～5周龄肉鸡（可能与球虫感染或饲料蛋白含量高等因素有关）。主要通过消化道或伤口感染。

［**症状**］精神差，不愿走动，羽毛蓬乱，食欲减退，粪便呈暗黑色，可能混有血液。病程较短、常呈急性死亡，死亡率5%～50%。疫情在鸡群迅速发展，如果不用药物治疗，可持续2周。慢性病鸡消瘦，在足部有出血症及坏死性病灶。类似足部的病变也见于坏疽性皮炎。

［**剖检变化**］主要是小肠后段（空肠、回肠）和部分盲肠的肠管肿胀，黏膜上覆有黄色或绿色伪膜，肠有出血、坏死或纤维素性坏死；有的大肠壁坏死灶中央凹陷，甚至引起肠壁穿孔，形成腹膜炎和肠粘连。肝、脾肿大、出血。

［**诊断方法**］根据流行情况（散发）和临床表现，结合饲料配方中鱼粉、小麦配比较高等因素，可以初步诊断。但要与球虫病、溃疡性肠炎区别，并区分是否并发或继发。确诊必须依靠实验室细菌培养，分离和鉴定。

［**防治对策**］采取综合性防治措施，尤其是青年鸡的饲料配方中鱼粉、小麦的含量不宜高。另外，杆菌肽、乳酸杆菌和莫能菌素等都是小肠中魏氏梭菌的重要颉颃剂。

发生本病后，抗生素治疗有一定疗效。如果病情没有得到控制，就要分析药物品种、药量和用药时间是否敏感或正确。

4. 坏疽性皮炎　是鸡和火鸡的皮肤、皮下组织及肌肉的坏死类疾病的统称，多呈散发性。曾称为坏死性皮炎、禽恶性水肿、蜂窝织炎、气肿病及腐翅病等。

［**病原**］腐败梭菌、A 型魏氏梭菌、金黄色葡萄球菌等单独或同时感染引起。这些细菌在自然界分布广，其致病性依赖细菌本身和外毒素双重作用。多数情况下是继发于传染性法氏囊病、鸡传染性贫血病和禽腺病毒感染等破坏免疫系统的传染病。

［**流行病学**］2～20 周龄的鸡和火鸡易感；肉鸡更多发病于 4～8 周龄，产蛋鸡多在 6～20 周龄，肉用种鸡多在 20 周龄。本病主要经消化道和伤口感染，常是某些免疫抑制病（如传染性法氏囊病）或引起皮肤损伤类疾病的继发病。

［**症状和剖检**］病程短，一般不超过 1 天。急性死亡，死亡率在 1%～60%不等。无典型临床症状，一般表现为精神差、腿软、共济失调或运动障碍。翅下、胸、腹或腿部皮肤出现黑色湿性坏疽，特征性病变为患部皮下深部血样水肿，肌肉灰褐色、肌束之间水肿和气肿；骨骼肌充血、出血、坏死。肝很少有坏死灶。

［**诊断方法**］根据临床症状、病理变化结合发病情况可初步诊断；但要与其他细菌引起坏疽性皮炎进行病原学鉴别，实验室诊断主要是采集病变组织进行细菌培养、分离。

［**防治对策**］主要是采取综合性防治措施。在养鸡生产上出现散发性病例时，可以通过注射抗生素治疗；全群用抗生素（如青霉素、红霉素等）饮水或拌料，能有效控制疫病的流行。

十二、弯杆菌病

弯杆菌病是由空肠弯杆菌引起鸡肠道炎症的传染病。主要特征是精神差、消瘦和腹泻。本病又叫弯曲菌病或弯曲菌性腹泻。

本病是一种重要的食源性人畜共患病，与食用不熟的禽肉及其制品有关系。人的弯杆菌病 70%归因于食用禽制品。

［**病原**］空肠弯杆菌曾被称为胎儿弯杆菌空肠亚种（曾叫空肠弧菌），它是最常见的病原菌，存在于鸡、火鸡、野禽和其他动物、人的肠道。另外两种大肠弯杆菌和鸥弯杆菌则不多见。革

兰阴性、细长弯曲呈撇形、S形或鸥形，能运动，通常只有一根鞭毛。

［流行病学］ 鸡和火鸡等禽类是弯杆菌的自然宿主，雏鸡多发。病的严重程度取决于鸡的日龄和菌株的毒力，环境应激等因素可加重病情。病禽和带菌鸡是传染源，家雀的粪便是一重要传染来源。本病为消化道传染，昆虫、苍蝇和野鸟可传播；蛋不能垂直传播，也不会把禽弯杆菌传染给人类。本病一年四季均可发生，夏季为发病高峰。

［症状］ 人工感染的潜伏期为1～3天，主要表现为精神沉郁、消瘦和腹泻，濒死期呈昏睡状态，或出现游泳样运动。

［剖检变化］ 从十二指肠末端到盲肠前的肠内积有黏液和水样液体，有时可见出血。肠表层充血、水肿，呈现卡他性、黏液性肠炎，重者可见有黏膜细胞坏死。有时可见肝肿大，呈暗红色，表面小出血点；而肝坏死和被膜下出血为非特征性病变。脾肿大，腹腔内常有黄褐色积液。

［诊断方法］ 根据特征性症状和病变可以初步诊断；但要与雏鸡的沙门氏菌病、大肠杆菌病相区别。实验室主要是通过细菌分离和鉴定进行鉴别诊断和确诊，也可用试管凝集试验等血清学方法。

［防治对策］

（1）采取综合性防治措施是关键。一方面加强消毒，对鸡笼、蛋箱、用具等应进行彻底消毒，并通风干燥1周以上，以减少或消灭环境中的弯杆菌；另一方面应用药物消灭蜱等昆虫和其他传播媒介，从而达到切断传染环节的目的；另外，加强饲养管理，减少刺激因素，减少弯杆菌发生机会。

（2）临床上一般的抗革兰阴性菌药物对弯杆菌均有效。如四环素100～600克/吨饲料混饲。

鸡群感染弯杆菌的数量少、菌体毒力低、致病性弱，临床上可能并不表现症状，但鸡制品处理不当可能使人感染弯杆菌并发病。

十三、禽弧菌性肝炎

禽弧菌性肝炎是鸡的一种以肝肿大、出血、坏死为特征的高发病率及慢性过程的接触性细菌传染病。

[**病原**] 霍乱弧菌属于弧菌属，革兰阴性菌，菌形与弯杆菌相似，能运动，微嗜氧。

[**流行病学**] 主要宿主是鸡，自然发病常见于20周龄以上的产蛋鸡。火鸡也可能传播本病，雏鸭几乎不致病。感染鸡从粪便排出病菌，经消化道感染健康鸡。

[**症状**] 本病病程缓慢而持续时间长。病禽精神委顿、腹泻、排黄白色稀粪，体重减轻，鸡冠苍白、萎缩并有鳞屑。雏鸡还表现腹围增大。产蛋量明显下降或不能达到预期产蛋率，比正常低30%。尔后出现突然死亡，死亡率达1%～15%，持续数周。

[**剖检变化**] 病死鸡腹大，腹腔内有腹水，呈波动状。肝脏肿大、色淡、质脆，肝表面有星状小的黄白色坏死灶或菜花样大坏死区，时有小灶性出血区或界限明显的小出血灶，有的肝破裂，表面附有胶冻样炎性渗出物。胆囊肿大，苍白或灰暗色。肾脏肿大、苍白、有出血点。肺脏水肿、腹水或心包积液。

[**诊断方法**] 根据临床症状、剖检变化和流行特点可初步诊断。确诊可用胆汁、肝脏抹片、革兰染色镜检和细菌培养、分离、鉴定。

[**防治措施**]

（1）本菌是条件致病菌，常在寄生虫病发生时暴发本病，因此防治球虫病、大肠杆菌病等疾病，是控制本病发生的重要措施。

（2）本病无有效的免疫方法，菌苗产生的免疫力弱、时间短。

（3）发生本病后用庆大霉素、卡那霉素、新霉素等治疗有效。

附：禽弧菌性肠炎

禽弧菌性肠炎是由麦氏弧菌引起的雏禽的一种急性传染病。

［**流行病学**］鸡、火鸡等禽类易感，经消化道感染。

［**症状**］严重腹泻，粪便呈黄绿色，并混合血液，是病禽典型症状。另外还表现为消瘦、鸡冠淡白。

［**病变**］消化道充血、出血、内有黄绿色液体和少量血液。脾呈灰色，体积缩小。

［**诊断方法**］特征性的症状结合病变可初步诊断，但与其他引起类似症状的疾病区别。主要是依靠实验室诊断：①采集病料作血液琼脂培养、分离麦氏弧菌。②感染鸽子试验，24～48小时死亡。

［**防治措施**］

（1）加强防治措施，防止病菌侵入鸡场和污染饮水、饲料和用具等，同时加强消毒卫生工作。

（2）发生疫病后，全群应用敏感药物治疗，如土霉素0.2％拌料，连用5天。

十四、李氏杆菌病

禽李氏杆菌病是家禽的一种散发性败血性传染病，主要特征表现是神经症状、坏死性肝炎和心肌炎，还可引起单核白细胞增多。

本病一般视为条件性疾病，常与其他疾病（如维生素缺乏、沙门氏菌病和应激等）存在相关，禽李氏杆菌病与人李氏杆菌病有关。

［**病原**］产单核白细胞李氏杆菌（又叫单核细胞增生性李氏杆菌），革兰阳性菌，无荚膜，无芽孢，广泛存在于自然界，对环境和理化因素抵抗力强。

［**流行病学**］鸡、鸭、火鸡、鹅和金丝雀等均对本病易感；各种不同年龄的鸡都易感，雏鸡最易感，多呈败血型经过。本病

为散发性，偶呈地方性流行；发病率低，致死率高。

患病和带菌动物是传染源，由鼻分泌物和粪便中排出细菌，通过消化道、呼吸道或受损伤的皮肤感染，蛋内不含细菌。

[症状] 本病潜伏期10～60天，没有特殊症状，主要呈败血性症状。停食、下痢、短时间内死亡；病程较长的可能有斜颈和脑炎等神经症状。

[剖检变化] 呈败血性特征，心肌出现变性与坏死，心包炎；肝肿大呈绿色或有小坏死区，有时可见脓肿；脾可肿大而呈斑驳状。显微检查：病灶有淋巴细胞、浆细胞和巨噬细胞浸润，脑组织出现神经胶质细胞增生和血管周围以单核白细胞为主的细胞浸润（形成血管套）。

[诊断方法] 单凭临床表现不易诊断。败血型的与葡萄球菌病、链球菌病、丹毒病、沙门氏菌病、巴氏杆菌病等细菌性疾病和一些病毒性疾病难区别；神经型的易与禽脑脊髓炎、鸡新城疫、马立克氏病等相混淆；从脑组织学病变可初步诊断。确诊不能用血清学方法，只能通过细菌培养和分离，鉴定病原体。培养分离物接种家兔的眼结膜囊内，24～36小时发生化脓性结膜炎，为特征性实验室诊断。

[防治对策] 目前本病无有效的免疫方法，主要是通过采取综合性防治措施。加强饲养管理，尤其要加强孵化后期和育雏期的卫生消毒，可有效防止本病的发生。当本病发生时应选用敏感药物及时治疗，如四环素类、磺胺类药物或者青霉素与庆大霉素联合使用，具有较好的治疗效果。

十五、鸡绿脓杆菌病

绿脓杆菌病是由绿脓杆菌引起雏鸡和青年鸡的局部和全身性感染的传染性疾病。其特点是突然发病、来势猛、病程短、死亡率高。本病对人常引起创伤感染及化脓性炎症，是一重要的人畜共患病。

[病原] 绿脓杆菌属于假单胞菌属，革兰阴性杆菌，一端有一根鞭毛，能运动，不形成荚膜及芽孢。单在、成双，有时呈短链。

本菌是条件致病菌，在自然界中分布广泛。土壤、水、肠内容物、动物体表等都有本菌存在。本菌菌体代谢产物中有两种毒力很强的外毒素：外毒素 A（致死性外毒素）、外毒素磷脂酶 C（溶血毒素）。

[流行病学] 鸡、火鸡是最常见的禽类宿主，雏鸡最易感，随着日龄的增加，易感性越来越低。创伤为常见的传播途径。腐败鸡蛋在孵化器内破裂可能是雏鸡暴发绿脓杆菌病的一个来源。近年来，我国发现的雏鸡绿脓杆菌病，主要由于接种马立克氏病疫苗时注射用具及疫苗污染所致。当饲养条件恶劣、气温较高或经长途运输等因素降低雏鸡机体的抵抗力时，也会诱发本病。

本病一年四季均可发生，但以春季出雏季节多发。

[症状] 本病潜伏期 1～3 天。最急性的不见任何症状就突然死亡。病程稍长的雏鸡表现精神沉郁、食欲降低或废绝，体温升高（42℃以上）；腹部膨胀，两翅下垂，羽毛逆立，排黄白色或白色水样粪便，最后衰竭死亡，死亡率可达 70%～90%。有的病例表现眼炎，上下眼睑肿胀，角膜白色浑浊，眼中常有微绿色的脓性分泌物，时间长者，眼球下陷，后出现失明，影响采食。有的雏鸡表现神经症状，奔跑、动作不协调、头颈后仰，倒地死亡。

若孵化器被绿脓杆菌污染，在孵化过程中会出现爆破蛋，同时出现孵化率降低，死胚增多。

[剖检变化] 脑膜有针尖大小的出血点。头颈部肌肉和胸肌水肿、出血，皮下有淡绿色胶冻样浸润物。肝水肿、质脆，呈土黄色或蛋黄色，表面有出血点；肾脏肿大，有出血点。腹腔有淡黄色的腹水，法氏囊和腺胃浆膜有大小不一的出血点，胃、肠呈卡他性炎症，气囊壁浑浊增厚。卵黄吸收不良，呈黄绿色，内容

物呈豆腐渣样，有的可见卵黄性腹膜炎。有的关节肿大。

死胚表现为颈后部皮下肌肉出血，卵黄囊吸收不良。

[诊断方法] 根据疾病的流行病学特点、病雏的症状和剖检变化，尤其是发生在马立克氏病免疫后，发病急、死亡率高，即可做出初步诊断。实验室通过细菌学的分离、培养、鉴定做出确诊。

[防治对策]

(1) 采取综合性防治措施　防止本病的发生，有两点尤为重要：一是加强孵化期的消毒卫生工作。种蛋在孵化前用福尔马林熏蒸20分钟，可杀死蛋壳表面的病原体；同时防止孵化器内出现腐败蛋。二是雏鸡进行马立克氏病免疫注射时，注意针头消毒，避免针头传播本病。

(2) 疫情处置　绿脓杆菌病发生后，选用敏感药物治疗。庆大霉素4 000～5 000单位/只注射或5 000～6 000单位/只饮水，连用3天，即可很快控制疫情；也可用庆大霉素给雏鸡饮水作预防。其他药物如新霉素、多黏菌素、丁胺卡那霉素都对本病有效。

十六、克雷伯氏杆菌病

鸡克雷伯氏杆菌病是由肺炎克雷伯氏杆菌引起的慢性细菌性传染病，又叫肺炎克雷伯氏菌病。

[病原] 肺炎克雷伯氏杆菌是克雷伯氏杆菌属的代表种，革兰阴性菌，两极着色，有荚膜。主要寄生于动物呼吸道或肠道，为条件菌，可感染包括人在内的多种动物，引起局部炎症或全身败血症。

[流行病学] 各种年龄鸡均可感染，肉用仔鸡多发，尤其是15～50日龄的雏鸡最易感，蛋鸡也可发生。病鸡是主要传染源。本病可经消化道、呼吸道水平传播，也可经蛋垂直传播。

本病发病率较低，一般在10%以下；如治疗不及时，发生败血症，致死率极高。

［**症状和病变**］病鸡精神差、头下垂，羽毛松乱，病初排出水样粪便，后带血丝。因脱水造成站立不稳，衰竭死亡。根据症状和病变将本病分为4种类型。

（1）呼吸型　表现呼吸困难，病初剖检肺部炎性水肿，后期有黄白色纤维状渗出物。

（2）肝炎型　肝肿大，表面有米粒大小或点状坏死灶。

（3）肠道型　肠壁增厚，内附有胶冻样炎性渗出物，十二指肠出血严重。

（4）败血型　内脏器官、皮肤和黏膜表现不同程度的出血或瘀血。

［**诊断方法**］临床上通过流行情况、症状和病变不易诊断；各种类型易与引起同一病变的其他细菌疾病相混淆，如巴氏杆菌病、沙门氏菌病等。

实验室主要通过直接染色镜检和生化特性鉴定确诊。

［**防治对策**］

（1）采取综合性防治措施　一是加强消毒，如带鸡消毒和饮水消毒可以减少呼吸道或肠道中的致病菌含量，可以消灭传染源，保护易感鸡群。二是加强饲养管理，减少应激因素，是防治本病的重要措施之一。

（2）本病的血清型较多，商品菌苗预防效果不理想，可以用本场病鸡组织制成灭活苗对易感鸡只免疫，保护率高。

（3）发生后应用敏感药物及时治疗，如磺胺甲基异噁唑、丁胺卡那霉素等饮水或拌料。但本菌易产生耐药菌株，应轮换使用不同药物。

十七、鸡的其他细菌感染

在养鸡生产中，主要引起火鸡、鸭等禽类感染，而鸡不太易感染的病菌，如衣原体、波氏杆菌等，有时也可感染鸡群。一般情况下，鸡群不一定表现症状，多呈隐性或亚临床表现，病原分离不一定有阳性结果，用血清学方法能检测到抗体。

1. 禽衣原体病（又名鹦鹉病、鸟疫、鹦鹉热） 是由衣原体属鹦鹉衣原体引起禽类（火鸡、鸭等家禽和野禽）及哺乳动物包括人的一种急性接触性传染病。鸡对禽衣原体感染具有很强的抵抗力，只有幼年鸡发生急性感染死亡。

［**病原**］鹦鹉衣原体属于衣原体科衣原体属，革兰阴性，严格细胞内寄生，可形成包涵体，介于立克次体与病毒之间，有独特的发育周期。包括许多不同的变种和血清型，对青霉素、四环素、磺胺类药物敏感。

［**流行病学**］幼年禽比成年禽易感，主要通过呼吸道传染，吸血昆虫亦可传播本病。病禽和带菌禽，尤其是带有衣原体的野鸟是极危险的传染源。

［**症状和病变**］幼年禽感染禽衣原体常不表现症状即急性死亡，有时可表现食欲减退、昏睡、腹泻、消瘦等。剖检可见纤维素性心包炎、气囊炎、腹膜炎和肝脏肿大等。成年鸡耐过。

［**诊断方法**］根据临床症状和病变及流行病学很难诊断。因感染禽衣原体急性死亡的鸡只其病变与感染巴氏杆菌、支原体、大肠杆菌等很相似。确诊须依赖实验室诊断：一是病原的分离和鉴定，二是血清学方法。

［**防治对策**］禽衣原体病防治主要是采取综合性防治措施：防控一切可能的传染来源，如野禽的进入，病禽粪便等污染物的处理；加强卫生消毒。

本病无有效的疫苗预防，使用抗生素可起到预防和治疗的效果，如四环素类药物混饲1～3周。

2. 禽波氏杆菌病 又称火鸡鼻炎，是由禽波氏杆菌引起火鸡上呼吸道的急性、持续性、接触性传染病，以眼渗出物、鼻炎和气管炎为主要特征，对幼龄火鸡危害比较严重，环境应激和其他呼吸道病原体继发感染，可能加重该病。波氏杆菌也能感染雏鸡和鹌鹑，症状较轻。

本病在临床诊断上常与禽的支原体病、衣原体病、隐孢子虫病、新城疫、禽流感和肺病毒等可引起呼吸道感染的疾病相混淆。通过病原菌分离、鉴定和血清学方法进行确诊。

在防治方面，要加强火鸡的生物安全控制措施和疫苗免疫，鸡和火鸡不要混养，同时应用抗生素配合治疗和预防。

3. 鼻气管炎鸟疫芽孢杆菌病 是由属于 rRNA 总科的鼻气管炎鸟疫芽孢杆菌引起鸡和火鸡的一种急性、高度接触性传染病。本病最早是 1997 年由 Hinz 等描述，世界上很多国家都有感染，给养禽业造成严重的经济损失。目前该病的流行呈上升趋势，可能是鸡呼吸道疾病的又一病原。

［**病原**］鼻气管炎鸟疫芽孢杆菌（Ornithobacterium rhinotracheale，ORT），革兰阴性菌，与巴氏杆菌相似，可能有 18 种血清型（a～r）；其中从鸡分离到的多数是血清 a 型，多种禽都分离到本菌。该菌对很多消毒药敏感。

［**流行病学**］鸡和火鸡发生本病呈急性发作，传染性很强，多呈地方性流行。

［**症状**］本病临床症状的严重程度、持续时间及引起的死亡率变化较大。鸡和火鸡主要表现为单侧或双侧纤维素性化脓性肺炎、气囊炎、胸膜炎，鸡群死亡率升高，采食量减少。种蛋孵化率下降，有时表现产蛋率下降，蛋形变小，蛋壳质量降低等，肉鸡增重减少。单纯本病感染引起的上呼吸道症状一般 4～7 天内可以恢复，但气囊感染则一直持续，淘汰率增加，生长受阻。饲养管理条件及诸多环境因素对本病有影响，如管理不善、通风不良、饲养密度过大、垫料差、环境卫生差、氨气浓度高、多日龄混养，若出现伴发疾病或是继发性感染（如大肠杆菌病、传染性支气管炎、鸡新城疫等）死亡率升高。本病可直接或间接接触传播，是否垂直传播尚未确定。

［**诊断方法**］单纯根据临床特征和致病损害来诊断本菌很困

难，因为可能伴随其他感染，确诊须通过病原分离、鉴定和血清学方法。

［**防治措施**］本病治疗困难，一方面本菌易产生抗药性，另一方面不同菌株及来源对不同抗生素的易感性不同。一般用阿莫西林250毫克/升水或金霉素500毫克/升水连饮3～7天效果较好；而磺胺类、新霉素、庆大霉素不敏感。用自家菌苗或灭活苗免疫肉鸡、肉种鸡可产生很好的保护，减少本病的暴发。

4. 奇异变形杆菌病 是由奇异变形杆菌引起的一种主要侵害雏鸡和鹤的新的细菌性传染病。

［**病原**］奇异变形杆菌属革兰阴性菌，无荚膜，无芽孢，能运动。

［**流行病学**］本病主要发生于7周龄以内的雏禽，日龄越小，受害越严重，7周龄以上雏禽可耐过，但生长发育受阻。主要侵害鸡和鹤，鹌鹑和水禽亦可感染。

本病感染途径主要是肌内注射针头带菌引起。天气、饲料改变等应激和卫生条件差等对本病的发生和发展起重要作用。

［**症状**］病禽表现腹泻，粪便呈红、白、绿或混杂，泄殖腔周围粘有粪便。病禽精神委顿，少食或停食。呼吸急迫，有的出现咳嗽，打喷嚏，流口水，有时有呼噜声。

［**剖检变化**］肝肿大2～3倍，呈土黄色或褐色，布满灰白色粟粒样坏死灶，胆囊充满绿色胆汁。肠黏膜脱落，呈弥漫性出血。喉头、气管黏膜出血，管腔内有黏性分泌物，肺弥漫性出血。脾肿大2～3倍，肾肿大出血。

［**诊断方法**］从临床症状、病理变化可初步诊断，但有时易与沙门氏菌病和巴氏杆菌病相混淆。实验室诊断通常采集实质器官作细菌培养，分离病菌确诊。

［**防治措施**］

（1）加强消毒卫生措施，尤其是注意肌内注射时的针头消毒，避免针头带菌人为传播；加强饲养管理，减少应激发生，是防治本病的最基本措施。

（2）发生本病后，应用氟哌酸、庆大霉素、链霉素等敏感药物治疗，可控制病情的继续发展。

5. 禽布鲁氏菌病　是由牛、羊、猪布鲁氏菌引起鸡的一种慢性传染病。

［**病原**］布鲁氏菌，革兰阴性菌，不运动。

［**流行病学**］本菌的易感动物很多，家禽主要是鸡、鸭，病禽或患病动物是传染源。主要通过消化道传播，也可通过生殖道和皮肤感染。

［**症状**］患禽表现腹泻和虚脱，关节肿胀发炎，产蛋量有时下降或产无壳蛋，间或有麻痹症状。

［**剖检病变**］可见肠和输卵管黏膜充血、出血，肝脾肿大，伴有灰白色小坏死灶，脾和心脏有时有出血。

［**诊断方法**］主要依靠实验室进行诊断。

［**防治措施**］

（1）采取综合性防治措施，尤其是将禽与感染布鲁氏菌的哺乳动物分开。

（2）治疗　用土霉素和链霉素治疗，有一定疗效。

第六章 鸡场常见寄生虫病的防治

一、球虫病

［病原］鸡球虫病是鸡场内常见的一种肠道寄生性原虫病，主要由艾美耳属的多种球虫寄生于鸡的肠道引起的高度传染性疾病，其中致病力最强者是寄生在盲肠的柔嫩艾美耳球虫和寄生在小肠中段的毒害艾美耳球虫，而早熟艾美耳球虫和缓和艾美耳球虫既不引起肠道损伤，也不会致鸡死亡，通常被认为是良性感染。

球虫的卵囊最宜于潮湿、温暖、阴凉的粪土中发育。舍场狭窄、卫生条件差，则易造成卵囊散播。

球虫虫卵对外界环境具有强大的抵抗力，一般的消毒剂不易将其破坏。被苍蝇吸吮到体内的卵囊，可以在其肠道中保持活力达 24 小时。在土壤中可保持活力达 4～9 个月，在有树阴的地方可达 15～18 个月。它对低温有一定的抵抗力，冰冻卵囊在繁殖一代后便可恢复致病力，但对高温和干燥抵抗力较弱。

［流行病学］各种年龄的鸡均易感，主要危害 3 月龄以内的鸡，特别是 15～50 日龄的鸡群最为易感。主要通过消化道感染。

鸡感染球虫主要是食入感染性卵囊，病鸡的粪便污染过的饲料、饮水、土壤或用具等，都有卵囊存在；另外，其他鸟类、家畜和某些昆虫，以及饲养管理人员，都可以成为球虫病机械性的传播者。饲料和环境卫生管理不当也是球虫病常发的诱因。

［症状］

（1）急性型　多见于雏鸡。病初精神委顿，食欲减退，泄殖腔周围的羽毛被液状排泄物粘在一起。以后由于肠上皮细胞的大量破坏和自体中毒加剧，病鸡出现共济失调，翅膀下垂，贫血、鸡冠苍白，粪便呈水样、稀薄、带血。若为柔嫩艾美耳球虫感染则开始时排红色胡萝卜样粪便，以后变为完全的血便。若为多种球虫的混合感染，则粪便中带血液，并含有大量脱落的肠黏膜。

（2）慢性型　多见于4～6月龄以上的鸡。病程较长，持续数周到数月。症状较轻，有间歇性下痢，逐渐消瘦，产蛋减少，很少死亡。

［**剖检变化**］柔嫩艾美耳球虫引起的病变主要在盲肠，可见一侧或两侧盲肠显著肿大，其中充满暗红色血液或凝固的血块，盲肠黏膜斑点或弥漫性出血，盲肠上皮变厚，有严重的糜烂甚至坏死脱落，与盲肠内容物、血凝块混合凝固，形成坚硬的“肠栓”。

毒害艾美耳球虫损害小肠中段，可见肠壁、肠黏膜上有明显的灰白色斑点状坏死病灶和小出血点相间杂，或呈弥漫性出血；小肠中部向后的肠腔中充满凝固的血液，使肠管在外观上呈淡红色或褐红色。症状较轻者，小肠内容物呈胡萝卜酱色。

［**诊断方法**］诊断鸡的球虫病，应结合调查流行病学资料，观察临床症状和检查粪便及尸体剖检等，进行综合分析。在每年的春末夏初，雏鸡表现有消瘦、贫血和粪便中带血等症状时，应取病鸡的粪便，用饱和盐水浮集法检查，若发现球虫的卵囊，即可确诊。

［**防治对策**］

（1）加强饲养管理　球虫病的暴发和流行与外界环境有着密切关系，特别是湿度和温度。鸡舍应保持通风、干燥的环境，及时清理卫生，定期消毒，做到每天清粪1次、消毒1次，地面用3%的火碱水喷洒1次。饲料和饮水要保持清洁，雏鸡饲料要保证全价营养，适当添加多种维生素，特别是维生素A，增强鸡体抵抗力。

（2）药物防治　治疗鸡的球虫病可用下列药物。

1）氯苯胍　预防按30～33毫克/千克浓度混饲，连用1～2个月，治疗按60～66毫克/千克混饲3～7天，后改预防量予以控制。

2）氯羟吡啶（g球粉，可爱丹）　混饲预防浓度为125～150毫克/千克，治疗量加倍，连用5～7天，育雏期连续给药。

3）氨丙啉　可混饲或饮水给药。混饲预防浓度为100～125毫克/千克，连用2～4周。应用本药期间，应控制每千克饲料中维生素B_1的含量，以不超过10毫克为宜，以免降低药效。

4）盐霉素　预防按60～70毫克/千克饲料混饲连用。

5）常山酮（速丹）　预防按3毫克/千克浓度混饲连用至蛋鸡上笼，治疗用6毫克/千克浓度混饲连用1周，后改用预防量。

6）磺胺类药　常用的磺胺药有复方磺胺-5-甲氧嘧啶（SMD-TMD），按0.03%拌料，连用5～7天。磺胺间二甲氧嘧啶（SDM），预防按125～250毫克/千克浓度混饲，16周龄以下鸡可连续使用；治疗按1 000～2 000毫克/千克浓度混饲或按500～600毫克/千克饮水，连用5～6天，或连用3天，停药2天，再用3天。

防治球虫病时，需要早诊断、早用药。药物的种类需经常更换，以防产生耐药性。在治疗球虫病的同时，补充维生素和应用抗菌药物，能提高疗效，减少死亡。

（3）免疫预防　家禽球虫具有较好的免疫原性，首次感染即可刺激机体对同种球虫产生免疫力，故可采用免疫预防手段控制球虫病。目前，用于鸡场计划免疫的球虫活苗有早熟、中熟、晚熟及早、中、晚熟系联合球虫苗4类。球虫活苗的免疫方法有滴口法、喷料法、饮水法及喷雾法等。

二、住白细胞原虫病

[病原] 住白细胞原虫在分类上属孢子虫纲、球虫目、住白

细胞原虫属。国内寄生于鸡的主要有卡氏住白细胞原虫和沙氏住白细胞原虫，其中又以卡氏住白细胞原虫分布最广、危害最大。

［流行病学］ 本病的发生与库蠓和蚋的活动密切相关，一般气温在20℃以上时，库蠓和蚋繁殖快、活动力强，本病流行也就严重，因此本病的流行有明显的季节性，南方多发生于4～10月份，北方多发生于7～9月份。各个年龄的鸡都能感染，成年鸡较雏鸡易感，但雏鸡的发病率较成年鸡高。8～12月龄的成年鸡或1年以上的种鸡，感染率虽高，但死亡率不高。

［症状］ 病初体温升高，精神沉郁，运动失调，两肢轻瘫，呼吸困难，常因突然咯血造成内出血而死亡。最典型的症状为贫血、流涎、下痢且粪便呈绿色水样。1～3月龄雏鸡发病率高，可造成大批死亡，中鸡和成鸡常呈现贫血，鸡冠和肉髯苍白，所以本病也称为"白冠病"。病鸡排白色或绿色水样稀粪，产蛋减少或停止，软壳蛋、无壳蛋增多。

［剖检变化］ 本病的特征性病变为口流鲜血或口腔内积存血液凝块，鸡冠苍白，血液稀薄，全身性出血，尤其是胸肌和腿部肌肉散在明显的点状或斑块状出血，各内脏器官亦呈现广泛性出血。灰白色小结节是裂殖体在肌肉或其他器官内增殖形成的集落，最常见于肠系膜、心肌、胸肌，也见于肝脏、脾脏、胰脏等器官，其大小为针尖大至粟粒大，白色，与周围组织有明显的界限。

［诊断方法］ 生前取病禽外周血1滴，涂成薄片，用姬氏或瑞氏液染色，置高倍镜下发现有住白细胞原虫虫体可确诊。死后挑取肌肉、肝、脾、肾等组织器官上的灰白色小结节置载玻片上，加数滴甘油，将结节捣破后，覆以盖玻片置高倍镜下检查，或取上述器官组织切一新切面，在放有甘油水的载玻片上按压数次，覆盖玻片，置于高倍镜下检查，发现有大量裂殖体和裂殖子即可确诊。

［防治对策］ 可用磺胺喹噁啉（SQ）、磺胺间六甲氧嘧啶

(SMM)、磺胺间二甲氧嘧啶(SDM)、复方泰灭净、磺胺甲基异噁唑(SMZ)或复方磺胺-5-甲氧嘧啶(SMD-TMP,球虫宁)等磺胺类药及氯羟吡啶进行治疗。用法及用量参照鸡球虫病。

在使用磺胺类药物时,尿中会析出磺胺结晶,导致肾脏损伤。因此,应在饲料中添加小苏打,以减少磺胺类药物的结晶形成。同时选用不同种类的2种药物可增强治疗效果,如磺胺类药物和马杜拉霉素的混合使用。另外,由于住白细胞原虫寄居于小血管内皮细胞内,引起血管壁损伤,导致各内脏器官出血,因此要适当使用增强血液凝固能力的药物,如维生素K_3(每千克饲料拌料5毫克)、磺胺乙胺(每千克饲料拌料0.1克)、维生素B_{12}(每千克饲料拌料3毫克),以减少出血。

三、组织滴虫病

组织滴虫病是鸡和火鸡的一种原虫病,也发生于野雉、孔雀和鹌鹑等鸟类。本病以肝的坏死和盲肠溃疡为特征,也称盲肠肝炎或黑头病。

[病原] 组织滴虫病的病原是组织滴虫,它是一种很小的原虫。该原虫有两种形式:一种是组织型原虫,寄生在细胞里;另一种是肠腔型原虫,寄生在盲肠腔的内容物中。随病鸡粪排出的虫体,在外界环境中能生存很久,鸡食入这些虫体便可感染。但主要的传染方式是通过寄生在盲肠内的异刺线虫的卵而传播的。当异刺线虫在病鸡体内寄生时,其虫卵内可带上组织滴虫。异刺线虫卵中约有0.5%带有这种组织滴虫。这些虫在线虫卵壳的保护下,随粪便排出体外,在外界环境中能生存2～3年。当外界环境条件适宜时,则发育为感染性虫卵。鸡吞食了这样的虫卵后,卵壳被消化,线虫的幼虫和组织滴虫一起被释放出来,共同移行至盲肠部位繁殖,进入血液。线虫幼虫对盲肠黏膜的机械性刺激,促进盲肠肝炎的发生。组织滴虫钻入肠壁繁殖进入血液,寄生于肝脏。

[流行病学] 组织滴虫病最易发生于 2 周龄至 3～4 月龄以内的雏鸡和育成鸡，特别是雏火鸡易感性最强，病情严重，死亡率最高。本病也见于肉用仔鸡和许多被捕获的野鸟。成年火鸡也可感染，但呈隐性感染，成为带虫者，有的慢性散发，对同场饲养的火鸡危害很大。

[症状] 本病的潜伏期一般为 15～20 天。病火鸡精神委顿，食欲下降，缩头，羽毛松乱。部分患鸡头部常呈紫红色或黑色，所以又叫黑头病。病情发展下去，患病火鸡精神沉郁，单个呆立在角落处，站立时双翼下垂，眼闭，头缩入翅膀下，行走如踩高跷步态。病程通常有两种：一种是最急性病例，常见粪便带血或完全血便。另一种是慢性病例，患病火鸡排硫磺色粪便，这种情况鸡很少见，但曾见到带血的盲肠排泄物。较大的火鸡慢性病例一般表现消瘦，大约感染后第 12 天，火鸡体重开始减轻，鸡很少呈现临床症状。感染组织滴虫后，第 1 天引起白细胞总数增加，第 10 天达高峰，每立方毫米 7 万个。主要是异嗜细胞增多，但在恢复期单核细胞和嗜酸性粒细胞显著增加。淋巴细胞、嗜碱性粒细胞和红细胞总数不变，感染后 21 天血细胞计数恢复到正常值。

[剖检变化] 组织滴虫病的损害常限于盲肠和肝脏。盲肠的一侧或两侧发炎、坏死，肠壁增厚或形成溃疡，有时盲肠穿孔引起全身性腹膜炎。盲肠表面覆盖有黄色或黄灰绿色渗出物，并有特殊恶臭。有时这种黄灰绿色干硬的干酪样物充塞盲肠腔，呈多层的栓子样。外观呈明显的肿胀并混杂有红灰黄等颜色。有的慢性病例，这些盲肠栓子可能已被排出体外。肝出现颜色各异、不整圆形稍有凹陷的溃疡病灶。通常呈黄灰色，或是淡绿色。溃疡灶的大小不等，但一般为 1～2 厘米的环形病灶，也可能相互融合成大片的溃疡区。经过治疗或发病早期的雏火鸡，可能不表现典型病理变化。大多数感染群通常只有剖检足够数量的病死禽只，才能发现典型病理变化。

［**诊断方法**］本病可根据以下特征诊断：一是病鸡常排硫磺色的粪便。取病鸡粪便作显微镜检查，在粪便中发现虫体。二是通过几只重病鸡的剖检，发现有典型病理变化。为了更准确一些，可剖检部分死鸡，发现典型病理变化，则可确诊。三是从剖检的禽只取病理变化边缘刮落物作涂片，往往能够检出其中的病原体。在染色处理较好的肝病理变化组织切片中，通常可以发现组织滴虫。

［**防治措施**］

（1）预防　由于组织滴虫的主要传播方式是通过盲肠体内的异刺线虫虫卵为媒介，所以有效的预防措施是排除蠕虫卵或减少虫卵的数量，以降低这种疾病的传播感染。因此在进鸡前，必须清除禽舍杂物并用水冲洗干净，严格消毒。严格做好禽群的卫生管理，饲养用具不得乱用，饲养人员不能串舍，免得互相传播疾病。及时检修供水器，定期移动饲料槽和饮水器，以减少这些地区湿度过高和粪便堆积。用驱虫净定期驱除异刺线虫，每千克体重用药40～50毫克。

（2）治疗　常用以下几种药物进行治疗。

1）卡巴砷　卡巴砷的预防剂量是每千克饲料150～200毫克；治疗浓度为每千克饲料400～800毫克。7天一个疗程。

2）4-硝基苯砷酸　预防浓度含量为每千克饲料187.5毫克。治疗浓度为400～800毫克/千克。

3）氯苯砷　氯苯砷剂量为每千克体重1～15毫克，用灭菌蒸馏水配成1％的溶液静脉注射。必要时每3日重复注射1次。

一般情况下，患本病的鸡群极易继发鸡大肠杆菌病和沙门氏菌病，所以在防治本病时，除给患病鸡群投喂临床效果好的治疗药物外，还应辅以一定的抗菌药物，如阿莫西林等，以防止继发感染。

四、鸡蛔虫病

鸡蛔虫病是禽蛔科的线虫寄生于鸡肠道引起的疾病，常影响鸡的生长发育，甚至引起大批死亡，造成经济损失。

［**病原**］鸡蛔虫是鸡体内寄生虫的一种，呈线条状，黄白色，头端有3个唇片，身上有乳白色横纹。虫卵为椭圆形，雌雄异体，雄虫体长30～70毫米，雌虫体长70～110毫米。

［**流行病学**］蛔虫卵是流行传播的传染源。成熟的雌虫在鸡的肠道内产卵，卵随粪便排出体外，污染环境、饲料和饮水等，在适宜的条件下，经过1～2周时间卵发育成小幼虫，具备感染能力，这时的虫卵称为感染性虫卵。健康鸡吞食了被这种虫卵污染了的饲料、饮水、污物，就会感染蛔虫病。温度适宜，阴雨潮湿，鸡蛔虫病的发病率增高。

各年龄阶段的鸡均能感染，3～4月龄以内的鸡易感，病情也较重。5月龄以上的鸡抵抗力较强，1年以上的鸡常为带虫者，成为传染来源。

［**症状**］患蛔虫病的鸡群，起病缓慢，开始阶段鸡群不断出现贫血、瘦弱的鸡。持续1～2周后，病鸡迅速增多，主要表现为贫血，冠脸黄白色，精神不振，羽毛蓬松，消瘦，行走无力。患病鸡群排出的粪便，常有少量消化物、稀薄，有颜色多样化的特征，其中以肉红色、绿白色多见。同时，鸡群中死鸡迅速增多，死鸡十分消瘦。1年以上鸡不会发生严重感染，是一种年龄免疫现象。

［**剖检变化**］病、死鸡十分消瘦、贫血。病鸡宰杀时血液十分稀薄，病变部位主要在十二指肠，整个肠管均有病变，肠黏膜发炎出血，肠壁上有颗粒状化脓灶或结节形成。小肠、肌胃中可见到大小不等的蛔虫，严重者可把肠道堵塞。

［**诊断方法**］由于本病症状缺乏特异性，故需进行粪便检查或尸检发现大量虫体时才能确诊。

［**防治措施**］大力提倡与实行网上饲养、笼养，使小鸡脱离地面，减少接触粪便、污物的机会，可有效预防蛔虫病的发生。定期做好鸡群驱虫工作，雏鸡2月龄时第1次驱虫，第2次在冬

季进行；成年鸡第1次在10～11月份，第2次在春季产蛋季节前1个月进行；饲料中应含足够维生素A，增强鸡抵抗力。饮水中添加0.025%的枸橼酸哌嗪，可防止感染蛔虫。

治疗方法：

（1）驱蛔灵（哌嗪、磷酸哌哔嗪） 每千克体重0.3克，一次性口服。

（2）左旋咪唑 每千克体重10～15毫克，一次性口服。

（3）驱虫净 每千克体重10毫克，一次性口服。

（4）抗蠕敏 每千克体重25毫克，一次性口服。

（5）驱虫灵 每千克体重10～25毫克，一次性口服。

（6）丙硫苯咪唑 每千克体重10毫克，混饲喂药。

用药一般在傍晚时进行，次日早上把排出的虫体、粪便清理干净，防止鸡再啄食虫体而重新感染。

五、鸡绦虫病

[病原] 绦虫病是由戴文科的多种绦虫寄生于鸡的十二指肠中引起的，常见的赖利绦虫有棘钩赖利绦虫、四角赖利绦虫、有轮赖利绦虫和节片戴文绦虫4种。

[流行病学] 本病的感染来源主要是患病鸡或者带虫鸡，不同年龄的鸡均可感染本病，以17～40日龄的雏鸡易感，但以25～40日龄的雏鸡死亡率最高。绦虫卵囊的中间宿主有蚂蚁、金龟子、家蝇、蛞蝓等，健康鸡吞食其中一种便可造成感染。

本病流行季节以6～10月份为主，呈地方性流行。环境潮湿、卫生条件差、饲养管理不良均易引起本病的发生。

[症状] 由于棘钩赖利绦虫等各种绦虫都寄生在鸡的小肠，用头节破坏了肠壁的完整性，引起黏膜出血，肠道炎症，严重影响消化机能。病鸡表现为下痢，粪便中有时混有血样黏液。轻度感染造成雏鸡发育受阻，成鸡产蛋量下降或停止。寄生绦虫量多时，可使肠管堵塞，肠内容物通过受阻，造成肠管破裂和引起腹

膜炎。绦虫代谢产物可引起鸡体中毒，出现神经症状。病鸡食欲下降，精神沉郁，贫血，鸡冠和黏膜苍白，极度衰弱，两足常发生瘫痪，不能站立，最后因衰竭而死亡。

［剖检变化］ 剖检可以从小肠内发现虫体。肠黏膜增厚，肠道有炎症及灰黄色结节，中央凹陷，其内可找到虫体或黄褐色干酪样栓塞物。脾脏肿大。肝脏肿大呈土黄色，往往出现脂肪变性、易碎，部分病例腹腔充满腹水；小肠黏膜呈点状出血，严重者，虫体阻塞肠道；部分病例肠道生成类似于结核病的灰黄色小结节；因长期处于自体中毒而出现营养衰竭和抗体产生抑制现象，成鸡往往还表现卵泡变性坏死等类似于新城疫的病理现象。

［防治措施］ 由于鸡绦虫在其生活史中必须要有特定种类的中间宿主参与，因此预防和控制鸡绦虫病的关键是消灭中间宿主，从而中断绦虫的生活史。集约化养鸡场采取笼养的管理方法，使鸡群避开中间宿主，这可以作为易于实施的预防措施。使用杀虫剂消灭中间宿主是比较困难的。

当禽类发生绦虫病时，必须立即对全群进行驱虫。常用的驱虫药有：硫双二氯酚（别丁）、氯硝柳胺（灭绦灵）、吡喹酮、丙硫苯咪唑、氟苯哒唑、羟萘酸丁萘脒。

六、鸡异刺线虫病

鸡异刺线虫病是由异刺科、异刺属及同刺属的线虫寄生于鸡盲肠内所引起的疾病。异刺线虫是一种长期寄生于鸡的蠕虫，它不仅本身能引起鸡发病，而且它的虫卵还能携带鸡组织滴虫，鸡吞食了这种含有组织滴虫的虫卵后，就会发生鸡组织滴虫病。

［病原］ 鸡异刺线虫，细线状，白色，雄虫长7～13毫米，尾端尖细；雌虫长10～15毫米，尾部细长。虫卵呈长椭圆形，灰褐色，两层卵壳，壳厚、光滑，内含单个胚细胞，大小为（50～70）微米×30微米×39微米。虫卵随粪排出，在适宜的温、湿度下，经7～12天发育为含幼虫的感染性虫卵，后者随饲

料或饮水被鸡吞食后，在小肠内孵化，幼虫移行到盲肠，经24～30天，发育为线虫。或鸡吃了吞食感染性虫卵或感染性幼虫的蚯蚓而感染异刺线虫。该虫寄生于鸡体后，以鸡体的体液为营养，损伤肠黏膜，引起肠黏膜发炎、出血，肠壁增厚、造成鸡消化机能障碍。

虫卵抵抗力强。在阴湿的土壤中能存活9个月之久，但在干燥和有阳光充分照射的地方，虫卵很快就被杀死。

［**流行病学**］各种年龄的鸡都易感染异刺线虫，尤以雏鸡易感性最强。

［**症状**］病鸡表现食欲下降或废绝，下痢，精神沉郁，消瘦，贫血，生长发育受阻，逐渐衰弱而死亡。成年母鸡产蛋量下降或停止。

［**剖检变化**］病鸡消瘦，盲肠肿大，肠壁发炎和增厚，间或有溃疡，在盲肠尖部可发现虫体。

［**诊断方法**］可用水洗沉淀法或漂浮集卵法检查粪便中的虫卵。尸体剖检时可见盲肠发炎，黏膜肥厚，有的有溃疡灶，盲肠尖部发现大量虫体时，即可确诊。

［**防治措施**］预防应着重抓好计划性驱虫和粪便的无害化处理。可用下列药物进行治疗：

（1）噻苯唑　每千克饲料500毫克，混入饲料中一次口服。

（2）丙硫苯咪唑　每千克饲料40毫克，拌入饲料中一次口服。

（3）甲苯唑　每千克饲料30毫克，拌入饲料中一次口服。

（4）康苯咪唑　每千克饲料50毫克，拌入饲料中一次口服。

（5）左旋咪唑　每千克饲料35毫克，拌入饲料中一次口服。

（6）硫化二苯胺（酚噻嗪）　中雏0.3～0.5克/只，成年鸡0.5～1.0克/只，拌入饲料中口服。

七、鸡羽虱

羽虱主要寄生在鸡羽毛和皮肤上，是一种永久性寄生虫，已发现40多种羽虱。羽虱主要靠咬食羽毛、皮屑和吸食血液而生存，因此患鸡表现羽毛断落，皮肤损伤，发痒，消瘦贫血，生长发育受阻，产蛋鸡产蛋量下降。并可降低对其他疾病的抵抗力。

［流行特点］本病传播方式主要是直接接触，一年四季均可发生，以秋冬季节多发，密集饲养时易发。秋冬季羽虱繁殖旺盛，羽毛浓密，同时鸡群拥挤在一起是传播的最佳季节，健康鸡与患有羽虱的鸡或污染的鸡舍、用具接触而感染，鸡羽虱不会主动离开鸡体，但常有少量羽毛等散落到鸡舍、产蛋箱上，从而间接传染。

［症状］普通大鸡虱主要寄生在鸡泄殖腔下部，严重感染时可蔓延到胸部、腹部和翅膀下面，除以羽毛的羽小枝为食外，还常损害表皮，吸食血液，因刺激皮肤而引起发痒；羽干虱一般寄生在羽干上，咬食羽毛，导致羽毛脱落；头虱主要寄生在鸡的头部，其口器常紧紧地附着在寄生部位的皮肤上，刺激皮肤发痒，造成鸡秃头。羽虱大量寄生时，患鸡奇痒，不安，影响采食和休息。因啄痒而造成羽毛折断、脱落及皮肤损伤，鸡体消瘦，贫血，生长发育迟缓，产蛋鸡产蛋量下降，严重的引起死亡。

［防治措施］

（1）用杀灭菊酯、二氯苯醚菊酯或百虫灵等杀虫药喷洒鸡体，同时对鸡舍、笼具及饲槽、水槽等用具及环境也要喷洒药物，隔10天用药1次，连用3次。

（2）用阿维菌素按说明拌料一次吃完，注意拌料要均匀，间隔1周再用1次，效果很好。

八、鸡螨

螨又称疥癣虫，是寄生在鸡体表的一种寄生虫。对鸡危害较大的是鸡刺皮螨和突变膝螨。鸡螨大小0.3～1毫米，肉眼不易看清。鸡刺皮螨呈椭圆形，吸血后变为红色，故又叫红螨。

当鸡严重感染时，贫血、消瘦、产蛋减少或发育迟滞。雏鸡严重失血时可造成死亡；突变膝螨又称鳞足螨，其全部生活史都在鸡身上完成。成虫在鸡脚皮下穿行并产卵，幼虫蜕化发育为成虫，藏于皮肤鳞片下面，引起炎症。腿上先起鳞片，以后皮肤增生、粗糙，并发生裂缝。有渗出物流出，干燥后形成灰白色痂皮，如同涂上一层石灰，故又叫石灰脚病。若不及时治疗，可引起关节炎、趾骨坏死，影响生长发育和产蛋。

防治措施主要是应搞好环境卫生，定期消毒环境，以杀死鸡螨；在大群发生刺皮螨后，可用 20％的杀灭菊酯乳油剂稀释 4 000倍对鸡体喷雾，但应注意防止中毒。对于感染膝螨的患鸡，可用 20％杀灭菊酯乳油剂 2 000 倍稀释液药浴或喷雾治疗，间隔 7 天，再重复 1 次。大群治疗可用 0.1％敌百虫溶液，浸泡患鸡脚、腿 4～5 分钟，效果较好。

第七章 鸡场其他常见病的防治

一、异食癖

在养鸡业中，由于饲养管理不当，可引起鸡群中出现各种异食癖。特别是幼雏和初产的小母鸡最容易发生食羽、食血、啄肛、啄趾和吃蛋等恶癖。被啄鸡一旦转为啄肛，把鸡肠拉出来，鸡立即死亡。如果不及时采取措施，蔓延起来很快波及全群，造成大批死亡，给养鸡业带来严重损失。

［**病因**］异食癖发生的原因复杂，由于饲养管理不当，鸡舍温度过高或潮湿，饲料配制不合理，特别是当饲料中缺乏某些必需营养物质时，鸡群就会产生啄食要求，久之即成为恶癖。鸡群过于拥挤、缺乏充足的运动、外寄生虫侵袭、皮肤外伤出血及母鸡输卵管脱垂或直肠脱出，都是诱发异食癖的因素。

［**临床症状**］鸡异食癖临床上常见的有以下几种类型。

（1）啄羽癖　幼鸡在开始生长新羽毛或换小毛时易发生，产蛋鸡在换羽期也可发生。先由个别鸡自食或互吸食羽毛，背后部羽毛稀疏残缺。然后，很快传播开，影响鸡群的生长发育及产蛋量。

（2）啄肛癖　育雏期间的雏鸡，特别是发生雏鸡白痢时，病鸡的肛门被粪块堵塞，其他雏鸡就不断啄食病鸡肛门，造成肛门破伤和出血，严重时甚至直肠脱出，很快死亡；产蛋母鸡，由于腹部韧带和肛门括约肌松弛，产蛋后不能及时收缩回去而留露在外，也容易造成互相啄肛。

（3）啄蛋癖　多见于鸡产蛋高峰期。由于饲料中缺钙和蛋白质不足引起。

（4）啄趾癖　大多是幼鸡喜欢互啄食脚趾，引起出血和跛行症状。

[防治对策] 生产中一般进行雏鸡断喙，以减少异食癖的发生。在日常生产管理中，消除各种不良因素和应激原，如保证密度、通风、光照等，并提供优质全价料，防止某些营养成分的缺乏而引致鸡异食癖；而鸡群中一旦发生异食癖，则立即将被啄的鸡移出，隔离饲养，如果多数发生啄食，应该各个分开隔离饲养，同时根据具体的病因，采取切实可行的防治措施。

二、鸡霉菌中毒

生产中，对鸡危害最大的霉菌毒素有黄曲霉毒素、玉米赤霉烯酮、T-2毒素、赭曲霉毒素、烟曲霉毒素、呕吐毒素、麦角毒素。饲料中各种霉菌毒素之间有协同作用，几种霉菌毒素协同作用对动物健康和生产性能的副作用比任何一种霉菌毒素单独的副作用都要大，而饲料原料和全价料中经常同时存在几种霉菌毒素。

[病因]

（1）玉米霉变　由于阴雨连绵等气候因素，玉米在成熟期倒伏，导致玉米就地霉变，饲料厂及养殖户保存粗放，导致饲料霉变等；部分蛋鸡、种鸡场饮水器漏水，导致料槽内经常湿料，长期采食湿料也易引起霉菌中毒。

（2）过度依赖脱霉剂　很多人认为在饲料中添加了脱霉剂就可以彻底预防饲料霉变，或鸡吃过添加脱霉剂的霉变饲料后不会出现异常。实际上，脱霉剂只能脱去一部分霉菌，对霉菌毒素和一大部分霉菌没有清除和脱除作用。

（3）预防霉菌中毒意识淡薄

[临床症状] 雏鸡表现嗜睡，食欲下降，生长发育缓慢，虚弱，翅下垂，贫血，鸡冠色淡或苍白；青年鸡食欲下降，挑食，

料槽内剩料较多，精神不振，行动无力，藏头缩颈，双翅下垂，鸡相互啄食，瘫腿，排带有黏液或绿白色稀水状粪便；产蛋鸡表现严重下痢，病鸡体温升高，食欲下降或不食，嗉囊内有酸臭的宿食水，出现啄食癖，其中以脱肛、啄肛危害最大，产蛋量下降，产畸形蛋。

［剖检变化］

（1）雏鸡与青年鸡　胸肌淡红色，严重者胸部皮下有浆液性渗出，胸肌和大腿部肌肉有红色、紫红色出血斑。肝肿大、褐紫色，表面有许多灰白色小点或黑紫色斑点，严重者肝表面出现一层白色渗出物。心脏水肿、晶亮、脂肪消失。

（2）产蛋鸡　嗉囊内容物酸臭，肝脏呈淡黄褐色、肿大，表面许多红色、黑紫色出血点。卵巢上的卵子变为甘蓝菜花样或破裂，卵黄流入腹腔，引起腹膜炎。

［防治对策］

（1）做好饲料防霉工作　①严把原料采购关，杜绝霉变原料入库；控制仓库的温、湿度，注意通风，做好对仓库边角的清理工作，防止原料在储存过程中变质；控制饲料加工、配制、运输等环节，控制饲料的储存环境，尽量缩短储存时间，防止饲料发霉变质。②添加防霉剂，防霉剂一定要在饲料没有霉变之前使用。饲料霉变后营养成分已经受到破坏，同时，产生对家禽健康有害的霉菌毒素，防霉剂难以对毒素彻底清除。所以，在防控霉菌病时一定要加清除霉菌毒素的药物。③去毒措施，主要采取挑选霉料、加工去毒等。④对霉菌污染的鸡舍，消毒要用对霉菌有效的消毒液。

（2）治疗　更换饲料是最有效的解决霉菌中毒的方法，在提供无污染的饲料后再使用一定量的制霉菌素或克霉宝，大多数霉菌毒素中毒的家禽很快会恢复健康。每只鸡口服制霉菌素3万～5万单位，每天2次，连续2～3天，或用0.1%的硫酸铜溶液饮水3～5天。此外，补充维生素，例如维生素E和维生素C可以部分抑制T-2毒素和赭曲毒素对蛋鸡的毒害。为防止并发症，还可应用抗生素，但忌用磺胺类药物。

三、痛风

鸡痛风病是由于蛋白质代谢障碍和肾脏受损伤使其代谢产物——尿酸或尿酸盐大量在体内蓄积而引起的以消瘦、衰弱、关节肿大、运动障碍和高尿酸血症等症状为特征的疾病。有关节型和内脏型两种。本病无季节性，多呈群发病，一般为慢性经过，急性发病死亡者少数。该病严重影响鸡的生长发育和产蛋率，给养鸡业造成较大的经济损失。

[病因] 痛风是一种多病因的疾病，尿石症及内脏痛风是由肾脏病理损害而导致。可导致痛风的原因大致包括以下几种。

（1）品种敏感性　某些品种（系）的鸡对尿石症较为敏感，不同品种的鸡痛风发生率不同，其对传染性支气管炎病毒或酸、碱的抵抗性不同。

（2）传染性支气管炎病毒　传染性支气管炎病毒中的某些毒株能引起鸡痛风、尿石症。这些病毒可引发肾炎，如果肾小管损伤严重则可能导致痛风。如饲喂高蛋白质和蛋白质不平衡的日粮，其对传染性支气管炎病毒肾炎的感染率升高。

（3）霉菌毒素　黄曲霉毒素、节卵泡霉毒素和橘霉毒素是具肾毒性的霉菌毒素，能造成一种的肾损害和内脏痛风。

（4）饲喂蛋白质饲料过多　饲料中蛋白质含量过高或在饲喂正常的配合饲料之外又过多地喂给肉粉、鱼粉、豆粕等高蛋白质饲料，使鸡血液中尿酸浓度升高，大量尿酸经肾脏排出，使肾脏负担加重而受到损害，机能减退，于是尿酸排泄受阻，在血液中的浓度更高，形成恶性循环，结果发生尿酸中毒并生成尿酸盐，沉积在肾脏、输尿管等许多部位，引起痛风。

（5）饲料中钙、磷过高或比例不当　常在鸡体内生成钙盐如草酸钙等，经肾脏排泄，日久也会损害肾脏引起痛风。

（6）饲料中维生素不足 会使肾小管和输尿管的黏膜角质化并脱落，造成尿路障碍，血液中的尿酸不能顺利排出而引起痛风。

（7）疾病因素 肾炎、肾型传染性支气管炎、传染性法氏囊病、雏鸡白痢等均可引起肾损伤而继发痛风症状。

（8）不合理使用抗生素 如磺胺类药物用量过大或用药时间过长会损害肾脏和形成结晶沉淀，引起痛风。

（9）饲养管理不当 饲养密度大，运动不足，禽舍阴暗、潮湿，饲料变质、盐分过高、缺水、育雏温度过高或过低等因素均可成为促进本病发生的诱因。

［**临床症状及病理变化**］病鸡食欲减退，精神不振，脱水和跛行是传染性支气管炎病毒感染引起的肾炎和痛风的常见症状。本病大多为内脏型，少数为关节型，有时两型混合。

（1）内脏型痛风 病鸡精神、食欲下降，消瘦、贫血，鸡冠萎缩、苍白，周期性体温升高，心跳加速，粪便稀薄，内含大量白色尿酸盐，呈淀粉糊样。泄殖腔松弛，粪便经常不能自主排出，污染泄殖腔下部的羽毛。个别鸡呼吸困难，甚至出现痉挛等神经症状，多呈衰竭死亡。剖检可见肾脏肿大，颜色变浅，肾小管受阻使肾脏表面形成花纹。输尿管明显变粗，且粗细不匀、坚硬，管腔内充满石灰样沉积物。心、肝、脾、肠系膜及腹膜都覆盖一层薄膜状的白色尿酸盐，血液中尿酸及钾、钙、磷的浓度升高，钠的浓度降低。

（2）关节型痛风 发生较少，尿酸盐在腿、足和翅膀的关节腔内沉积使关节肿胀疼痛，活动困难，后期双腿无力，不愿走动，不久便卧地死亡。夜间死亡数明显比白天多。剖检可见脚趾和腿部关节肿胀，关节软骨、关节周围组织、滑膜、腱鞘、韧带及骨髓等部位，均可见白色尿酸盐沉着。沉着部位可形成致密坚实的痛风结节，多发于趾关节。关节内充满白色黏稠液体，严重时关节组织发生溃疡、坏死。尿酸盐大量沉着可使关节变形，形成痛风石。鸡群发生内脏型痛风时，少数病鸡兼有关节病变。

痛风大多发生于母鸡，使母鸡产蛋量下降，甚至完全停产，公鸡较少发生。

[**诊断方法**] 根据病因、病史、特征性症状和病理变化即可诊断。必要时采病鸡血液检测尿酸的量，采取肿胀关节内容物进行化学检查，呈紫尿酸铵为阳性反应，显微镜观察见到细针状和禾束状尿酸钠结晶或放射形尿酸钠结晶，即可以进一步确诊。

关节型痛风应与关节型结核，沙门氏菌和葡萄球菌引起的传染性滑膜炎相区别。关节型结核的病鸡关节肿胀，内含干酪样的物质，多发于成年鸡和老龄鸡。鸡葡萄球菌病以四肢关节及邻近腱鞘炎性肿胀或局部化脓以及内脏转移性脓肿为特征，分急性、关节炎型及慢性三型，以 0.5～3 月龄的幼雏多发。沙门氏菌引起的雏鸡白痢发生肢关节炎呈跛行症状，病程 4～7 天。以 2～3 周龄以内雏鸡的发病率与病死率为最高，呈流行性。

[**防治对策**] 本病发生后，有效的治疗方法并不多，故需要根据不同的病因采取综合措施，以防为主。

(1) 科学合理配料，保证饲料的质量和营养全价，防止营养失调，保持鸡群健康。

(2) 加强饲养管理，减少痛风发生的诱因。防止饲养密度过大，供应充足饮水，合理光照，保证鸡舍内良好的卫生环境。

(3) 根据说明或者医嘱合理使用药物，不要长期使用或过量使用对肾脏有损害的药物及消毒剂，如磺胺类药物、庆大霉素、卡那霉素、链霉素等。

(4) 做好诱发该病的其他疾病的防治。

(5) 鸡痛风一旦发生，应积极查找病因，同时采用对症疗法。其关键是解决肾脏排泄障碍，临诊上以疏通尿道为原则。药物治疗时，注意在日粮中补充多种维生素，可增强疗效。

附注：鸡群患此症后，会对肾脏造成永久性损害，肾功能降低，对高蛋白、高钙及钙磷比例失调的饲料特别敏感，容易造成复发。

四、鸡脂肪肝综合征

脂肪肝综合征是由于营养障碍、内分泌失调、脂肪代谢紊乱等原因而引起的脂肪沉积增多的一种特殊类型的脂肪肝，又称脂肪肝出血症。本病是笼养鸡的多发病，尤其重型鸡及肥胖鸡易发。

［**病因**］笼养鸡摄入过高的能量日粮而不进行限饲，导致脂肪过度沉积是主要原因。此外鸡体内激素失调，饲料中微量元素硒缺乏，饲料中含有大量黄曲霉毒素，喂过量的菜籽饼（含芥子酸）等也可成为诱发本病的病因。

［**临床症状**］鸡多数过肥，腹部膨大。暴发时，突然产蛋量下降，笼养鸡比平养鸡多发，死亡率往往不到5%。发病初期，鸡群看似正常，但高产鸡的死亡率增高，病鸡喜卧，腹大而软绵下垂，冠和肉髯大而苍白。

［**诊断方法**］根据病因、发病特点、临诊症状和血液化验指标及病理变化特征即可初步诊断。

［**防治对策**］淘汰病情严重、无治疗价值的鸡，主要是对病情较轻和可能发病的鸡群采取措施。合理搭配饲料，降低饲料能量和限制采食。加强饲养管理，防止饲料变质，避免应激。查出病因，调整不合理饲料日粮，饲料中补加维生素 B_{12}、胆碱和维生素 E，当出现脂肪肝综合征时，每千克饲料中补加胆碱 22～110 毫克，治疗 1 周。

五、笼养蛋鸡产蛋疲劳症

笼养蛋鸡疲劳症又称笼养蛋鸡骨质疏松症、笼养鸡瘫痪症，是笼养产蛋鸡的一种全身性骨骼疾病。该病几乎发生在所有笼养产蛋鸡群中，产蛋期发病率为 1%～10%，常发生于产蛋高峰期。该病一年四季均可发生，尤其是夏季的高温引发鸡群热应激、采食量下降更可诱发此病，使发病率提高到15%～20%。

[病因] 笼养蛋鸡疲劳症主要是严重缺钙而引起。高产蛋鸡体重轻、采食量小、饲料利用率高和性成熟早，钙源无法满足蛋壳形成及维持骨骼强度所需，导致钙负平衡；过度粉碎的石灰粉钙的利用率较低；炎热季节蛋鸡采食量减少而饲料中钙水平未相应增加；长期持续高产需要较多的钙等，都可能导致笼养鸡疲劳症。钙磷比例失调，饲料中磷含量在临界值（总磷0.5%）以下，容易在初产蛋鸡群中诱发此病，而低钙高磷日粮则可能导致营养继发性甲状旁腺机能亢进，使骨钙耗尽。

光照不足，笼养鸡长年在鸡舍内饲养，接受阳光照射的机会很少，因此不能通过自身合成维生素D，这样就影响了机体对钙的吸收，导致机体缺钙。

运动不足，笼养蛋鸡由于活动空间小，运动不足，不能正常蹲伏，加之网眼比较大且呈斜坡状，趾部受力不匀，导致腿部肌肉、骨骼发育不良，从而产生疲劳症。

[临床症状] 产蛋鸡突然死亡，输卵管中常有软壳或硬壳蛋。发病初期产软壳蛋、薄壳蛋，鸡蛋的破损率增加，但食欲、精神、羽毛均无明显变化。之后出现站立困难、爪弯曲、运动失调。如及时发现，采取适当的治疗措施，大多能在3～5天恢复，否则症状会逐渐加剧，最后常造成跛足，不能站立，胸骨凹陷，肋骨易断裂，瘫痪；尽管后期的病鸡仍有食欲，终因不能采食和饮水而死亡。剖检可发现翅骨、腿骨易碎。

[防治对策] 保证全价营养和科学管理，使育成鸡性成熟时达到最佳的体重和体况；在开产前2～4周饲喂含钙2%～3%的专用预开产饲料，当产蛋率达到1%时，及时换用产蛋鸡饲料；笼养高产蛋鸡饲料中钙的含量不要低于3.5%；并保证适宜的钙磷比例；给蛋鸡提供粗颗粒石粉或贝壳粉，粗颗粒钙源可占总钙的1/3～2/3。钙源颗粒大于0.75毫米，既可以提高钙的利用率，还可以避免饲料中钙质分级沉淀。炎热季节，每天下午按饲

料消耗量的1%左右将粗颗粒钙均匀撒在饲槽中，既能提供足够的钙源，还能刺激鸡群的食欲，增加进食量；平时要做好血钙的监测，当发现产软壳蛋时就应作血钙检查。

将症状较轻的病鸡挑出，单独喂养，补充骨粒或粗颗粒碳酸钙，一般3～5天可治愈。有些停产的病鸡在单独喂养、保证其能吃料饮水的情况下，一般不超过1周即可自行恢复。同群鸡（正常钙水平除外）饲料中添加2%～3%粗颗粒碳酸钙，每千克饲粮中添加2 000国际单位维生素D_3，经2～3周，鸡群的血钙就可上升到正常水平，发病率明显减少。钙耗尽的母鸡腿骨在3周后可完全再钙化。粗颗粒碳酸钙及维生素D_3的补充需持续1个月左右。如果病情发现较晚，一般20天左右才能康复，个别病情严重的瘫痪病鸡可能会死亡。

六、肉鸡腹水综合征

肉鸡腹水综合征又称肉鸡肺动脉高压综合征或肉鸡右心房衰竭综合征，是一种有多种致病因子共同作用引起的肉仔鸡右心室肥大扩张和腹腔内积聚大量浆液性淡黄色液体为主要特征的疾病，并伴有明显的心、肺、肝等内脏器官病理性损伤的非传染性疾病。曾一度认为该病与高海拔饲养环境有关，所以过去又被称为“高海拔病”。近年来一些低海拔的地区亦有此病发生。本病主要侵害肉鸡，对于肉鸭、火鸡、蛋鸡及观赏鸟类的侵害亦有报道。在寒冷季节，死亡率明显增加。有的鸡群死亡率高达35%，已成为影响肉鸡饲养业发展的一个严重问题。

[病因] 肉鸡腹水综合征多发于4周龄以后，死亡高峰见于5～7周龄。公鸡约占患病鸡的70%。此病高发季节是冬春季节。引发的原因较为复杂，主要影响因素概括如下。

（1）遗传因素　当今世界肉鸡的育种方向是向快大型发展，但心肺功能并未相应的充分改善，不能与其同步发展，以至于在快速生长期不能很好地适应体质本身的代谢需求，潜伏着一种心肺衰竭的发病倾向。肉鸡机体的快速生长以及为了支持这种快速生长而对氧气需求量的增长，超出了肺系统的发育与成熟程度，形成了异常的血压—血流动力系统。此外，起携氧和运送营养作用的红细胞，肉鸡比蛋鸡大，尤其是4周龄内的快速生长期，这样红细胞不能在肺毛细血管内通畅流动，影响肺部的血液灌注，导致肺动脉高血压及右心衰竭。

（2）营养因素　采食颗粒料的鸡发病率高于采食粉料的鸡。这是因为饲喂颗粒料可以使肉鸡的采食量加大，提高了生长速度，对氧的需求量增加，从而导致腹水症。高能饲料也可导致腹水综合征的发生。在不同的海拔地区，针对0～7周龄的肉鸡，在发病率方面，喂高能饲粮（12 970千焦/千克）比喂低能饲粮（11 924千焦/千克）的肉鸡高4倍。另外，肉鸡饲料中添加脂肪超过4%也可诱发腹水症。

（3）环境因素　凡是影响肉鸡心肺功能的环境因素都可诱发腹水症。如高海拔地区，空气稀薄，氧分压低，造成慢性缺氧；鸡舍通风不畅，低温潮湿，二氧化碳、氨气等浓度过高，氧气减少。尤其是冬春季节饲养肉鸡，为保温而关闭门窗，加之燃煤取暖，更增加了耗氧量，致使舍内二氧化碳、氨气过多，从而慢慢缺氧；饲养密度过大，降低了平均供氧量，也导致氧气缺少，使机体缺氧，心搏加快，心脏负担加重，同时致使鸡肺部毛细血管增厚，变狭窄，引起肺动脉高压，出现右心室扩张、肥大、衰竭、致使全身性瘀血，肝脏瘀血，渗出液增多，导致大量腹水积累，引起腹水症的发生；孵化期间高温高湿，通风不良，可引起雏鸡早期腹水症。

（4）肠道内氨的影响　肠道中氨的水平对于腹水症的发生率有显著影响，呈正相关。消化道内75%的氨是在细菌脲酶的作用下水解脲所产生的。肉鸡多余的氮则主要以尿酸的形式排出体外。尿酸进入胃肠道后，部分被细菌尿素酶转化为尿素再降解成氨。肠道内的氨可以改变核酸代谢，加快小肠黏膜的再生率，增加肠壁的厚度。而肠壁增厚可减少养分的吸收和运送，在降低生长率和饲料利用率的同时，也增大了对肠壁内毛细血管结构的压力，从而限制了正常的血液供应，进而加剧了肠道的高血压，血管充血，导致血管中液体渗出而形成腹水。

（5）应激因素 应激因素可导致腹水的发生。应激超过了肉鸡肺脏或心脏的正常功能，不能将足够的氧运到组织，从而导致组织缺氧。机体为了弥补组织缺氧而加快心脏跳动，以增加肺脏及其他组织脏器的血流量。此时，肉鸡心脏开始增大，当增大到一定程度，血液倒流心脏，导致右心衰竭。由于小血管内血压过高，促使血液成分渗入腹腔形成腹水。

（6）疾病因素 肉鸡患传染性支气管炎、慢性呼吸道病、气囊炎性大肠杆菌病，呼吸困难，会造成机体慢性缺氧，导致心力衰竭而发生腹水；呋喃唑酮、莫能霉素、霉菌毒素、食盐、马杜拉霉素等中毒病可不同程度地发生腹水；维生素 E、硒的缺乏也可引发腹水病。

［临床症状与病理变化］该病表现为无任何预兆的突然死亡。大多数病鸡表现生长迟缓，羽毛蓬乱，精神沉郁，不愿活动，呼吸困难，食欲不振或废绝，个别可见下痢。病鸡腹部膨大，呈水袋状，触压有波动感，腹部皮肤变薄发亮。腹腔穿刺流出透明清亮的淡黄色液体。有的病鸡站立困难，以腹部着地呈企鹅状。

剖检可见腹腔内有大量（50～500 毫升）清亮而透明的液体，呈淡黄色，部分病鸡腹腔内常有淡黄色的纤维样半凝固胶冻状絮状物，有时可呈血性。肝脏充血肿大，严重者皱缩，变厚变硬，表面凸凹不平，被膜上常覆盖一层灰白色或淡黄色纤维素性渗出物。肺脏瘀血充血，支气管充血。心脏体积增大，心包有积液，右心室肥大、扩张、柔软，心肌变薄，松弛、瘫软。肠道变细，肠黏膜呈弥漫性瘀血。肾脏肿大、充血，呈紫红色。

［防治对策］肉鸡腹水综合征，一般初期症状不明显，到产生腹水时已是病程后期，治疗困难，故应以防为主，主要从改善

饲养环境、科学管理、科学配方等方面考虑。而且肉鸡腹水症不是单一因子所致，而是多种因子共同作用的结果，所以对其防治要采取综合性措施。

（1）改善饲养环境，减少应激反应　调整饲养密度，改善通风条件，增加新鲜空气，减少舍内二氧化碳、氨气等气体和灰尘，充足的氧气供应。减少慢性呼吸道病、大肠杆菌等肺部感染性疾病。尽可能降低因为更换垫料、喷雾消毒、昼夜温差、噪声惊吓等的强烈应激，此时可在饲料中添加维生素C（500克/吨）或复合多维饮水或补充钾离子维持体内电解质平衡，以缓和应激反应。另外合理搭配饲料，做到营养平衡。

（2）早期限饲　由于此病的发生日期越来越早，采取早期适量限饲可有效地减少以后的腹水。在实际生产中，可以在肉鸡饲养的第3周（15～21天）期间减少10%喂料，21天以后恢复正常喂料时，采食量增加，可弥补前期亏重，出栏体重正常。减料方式可使用晚间定时熄灯或定时空槽，由此可减少腹水症的发生。

（3）抑制肠道中氨的水平　抑制肠道中氨的水平可减少腹水症的发生和死亡。在饲料中添加125毫克/千克脲酶抑制剂，可大幅降低死亡率39.3%，并且日增重和饲料转化率都略有改善。其机理是给肉鸡饲喂脲酶抑制剂，既抑制了小肠和大肠中的脲酶活性，又降低了小肠和大肠内氨的含量，从而降低门脉排血器官的黏膜组织周转率与耗氧量，这样就有较多的氧气供机体利用，消除了造成腹水症及死亡的原动力。

（4）添加碳酸氢钠　碳酸氢钠作为一种碱性添加剂，可以降低肉鸡腹水症的发生率。在饲料中添加1%～2%可以中和低氧环境所引发的酸中毒，使血管扩张而使肺动脉压降低，从而降低了腹水症的发病率。

（5）孵化补氧　孵化期的缺氧会造成胚胎的严重缺氧，从而导致肉鸡雏早期的腹水症。所以在孵化后期，向孵化器内补充氧气能够产生有益的作用。

防止继发感染。腹水综合征常继发大肠杆菌病或慢性呼吸道病，可选用氨苄青霉素或阿莫西林（每100千克水10克）、环丙沙星类（每100千克水5～10克）抗菌药物，防止继发感染。

七、肉鸡猝死综合征

家禽猝死综合征（SDS）又称暴死症、急性死亡综合征、翻跳病、急性心脏病，是一种普遍发生于肉鸡群，临床症状多表现为突然死亡、死前翻跳、死亡后两脚朝天等，且发病急、死亡快的疾病。该病主要损害生长速度较快、体况良好的个体，往往会对肉鸡饲养户造成很大的经济损失，对肉鸡养殖业的危害日益严重。又因本病呈急性发作和突然死亡，治疗措施不可能令人满意。随着肉鸡饲养业的成长，由此病所酿成的经济损失也日趋严重。

［**病因**］至今为止，在该病的病原及疾病定性上，尚没有形成一致的意见。在发现肉鸡SDS以后的相当长一段时间内，几乎所有学者都认为该病不是由细菌、病毒引起，而是由营养代谢因子非常规存在所诱发导致的非传染性疾病。随着国内外对本病的病例报道和发生机理的研究越来越多，更多学者倾向于此种观点，认为SDS为非传染性营养代谢性疾病。

（1）环境因素　突然的声响及强烈的噪音，如放鞭炮、打雷、锣鼓声等均可使鸡心跳增速、供血不足、心力衰竭而死亡。强光刺激也可导致肉鸡猝死综合征的发生。另外，转群、鸡群拥堵、透风不良等因素均可导致本病的发生。

（2）营养因素　暴死综合征的发生与家畜饲料的营养水平及类型有关。饲喂含高脂肪特别是达到最高限度脂肪酸水平的高能家畜养料，容易导致暴死；日粮中以小麦为主要谷物原料的鸡群发病率较高；饲喂颗粒料比用粉料发病率高。维生素不足也有可能与本病的发生有关。生产实践中，在日粮中增加多种维生素的含量可大大降低本病的死亡率。

（3）遗传及个别因素　遗传及个别因素包括品种、日龄、性别、生长速度、体重等。品种差别引起发病率也不一样，生长速度快、肌肉饱满、外观健康的鸡易发病，公鸡发病率高于母鸡，1～2周龄直线上升，3～4周龄达发病高峰，之后又逐渐下降。

[流行特点] 该病没有明显的季节性，一年四季均可发生。营养状态好、生长发育快的鸡多发，在2周龄至出栏时多发，死亡率一般在1%～5%，公鸡发病率高于母鸡。

[临床症状] 鸡群中肥大、体壮的鸡会在没有任何症状的环境下突然死亡，死前跳跃轻轻拍打两下翅，多在采食、饮水或走动时突然失控，此时患病鸡运动失衡突然落空，肌肉痉挛，拍翅惊叫并窜起或向后颠仆，大多表现为背部着地，两脚朝天，脖颈歪曲，从发病到死亡只有约1分钟时间，大都死于饲槽边，有少数鸡死亡时呈俯卧姿势。

[剖检变化] 死鸡可见肌肉丰满，嗉囊、肌胃、肠道充盈。右心房扩张，心脏较大，心包液增多，有的心冠沟脂肪有少量出血点。肝脏肿大苍白，肺部充血水肿，气管内有泡沫。肾呈浅灰色或苍白的颜色。

[诊断方法] 该病无明显的剖检变化，可根据流行独特的地方和典型的症状进行综合诊断。

[防治措施] 对于本病，虽然很多学者做了不少的探索，但至今仍未能提出一套合理的治疗方案。对发生SDS的28周龄肉鸡鸡群可用碳酸氢钾治疗，具体方法是以每只鸡0.62克溶解后饮水或以每吨料3.6千克拌匀后投喂，连续3天，一般能使SDS死亡率降至可容许的程度。日粮中维生素含量低与本病的发生有关。在饲料中添加200微克/千克的维生素C，可降低发病率。

据报道，下面几种方法能够达到一定的治疗目的。

（1）鸡舍远离闹市区和交通要道，不要时常更换鸡舍及饲养人员，保持舍内卫生清洁，舍内透风换气要好，密度要适当。保持鸡群安静，尽量减少噪音及其他应激因素。3 周龄前采光时间及采光强度不能太长太强。

（2）家畜养料中配制的日粮各种营养成分要均衡。肉仔鸡生长前期肯定是要给予丰富的 B 族维生素、维生素 A、维生素 D、维生素 E 等，适当控制肉仔鸡前期的生长速度，不用能量太高的家畜养料。1 月龄前不建议添加油脂，若要新增油脂，可用菜油替代动物脂肪。少喂颗粒料，这些均可有用地降低本病的发生。

（3）要注意调制好家畜养料中的酸碱均衡及电解质离子均衡。雏鸡在 10～21 日龄时，可用碳酸氢钾、乳糖、葡萄糖及足够的 Na^{+}、K^{+}、Cl^{-} 等离子，从而保持酸碱及离子均衡。雏鸡在 10～21 日龄时，可用碳酸氢钾按 0.5～0.6 克/只饮水或每吨料 3～4 千克拌料举行预防，效果较好。

八、维生素缺乏症

（一）维生素 D 缺乏症

维生素 D 是家禽正常骨骼、喙及蛋壳形成所必需的物质。因此，当日粮中维生素 D 缺乏或光照不足时，都可导致维生素 D 缺乏症，引起家禽钙、磷吸收代谢障碍，临床上以生长发育迟缓、骨骼变软、弯曲、变形、运动障碍及产蛋鸡产薄壳蛋、软壳蛋为特征。

[病因]

（1）家禽长期缺少阳光照射是造成维生素 D 缺乏的重要原因，笼养或长期舍饲的禽群最易发生。

（2）饲料中维生素 D 的添加量不足或饲料贮存时间太长。

（3）消化道疾病或肝肾疾病，影响维生素 D 的吸收、转化和利用。

（4）日粮中脂肪含量不足，影响维生素 D 的溶解和吸收。

[**临床特征**] 维生素D缺乏症主要表现为骨骼损伤。

雏鸡佝偻病，1月龄左右的雏鸡容易发生，发生时间与雏鸡饲料及种蛋情况有关。最初症状为腿软，行走不稳，喙和爪软而容易弯曲，以后跗关节着地，常蹲坐，平衡失调。骨骼柔软或肿大，肋骨和肋软骨的结合处可摸到圆形结节（念珠状肿）。胸骨侧弯，胸骨正中内陷，使胸腔变小。脊椎在荐部和尾部向下弯曲。长骨质脆、易骨折。生长发育不良，羽毛松乱，无光泽，有时下痢。

产蛋母鸡缺乏维生素D 2～3个月后开始表现缺钙症状。早期表现为薄壳蛋和软壳蛋数量增加，以后产蛋量下降，最后停产。种蛋孵化率下降，胚胎多在10～16日龄死亡。喙、爪、龙骨变软，龙骨弯曲，慢性病例则见到明显的骨骼变形，胸廓下陷。胸骨和椎骨结合处内陷，所有肋骨沿胸廓呈向内弧形弯曲的特征，即所谓的软骨症。后期关节肿大，母鸡呈现身体坐在腿上“企鹅形”蹲着的特殊姿势，也能观察到缺钙症状的周期性发作。长骨质脆，易骨折，剖检可见骨骼钙化不良。

雏鸡与火鸡的维生素D缺乏时，一般在1月龄左右发病，也有10日龄左右出现症状的。病雏食欲尚好而生长发育不良，两肢无力，行动困难，步态不稳，常以跗关节着地，借以获得休息。病雏关节肿大，骨骼、喙与爪变柔软，弯曲变形，长骨脆弱易折，胸骨弯曲，肋骨与肋软骨结合处肿大呈串珠状，即佝偻病。

[**剖检变化**] 幼年鸡与火鸡病变特征是在肋骨与脊椎骨连接处出现肋骨弯曲，以及肋骨向下、向后弯曲现象。胫骨与股骨的骨骺出现钙化不良。成年鸡、火鸡特征性变化是甲状旁腺肿大，骨骼变软易折断，在肋骨的内侧面有小球状的隆起结节。慢性病例则骨骼变形，胸骨向一侧弯曲，中部明显凹陷，从而使胸腔体积变小。

[**诊断方法**] 根据病史、特征性临床症状和剖检变化，可作

出诊断。

［**防治对策**］本病的预防在于加强饲养管理，密切注意饲料中的维生素 D 及钙、磷的含量，并添加足够量，尽可能增加光照时间。在正常情况下，禽每千克饲料添加的维生素 D_3（国际单位）：肉鸡 400、产蛋鸡 200、种鸡 500、雏鸭 200、种鸭 500、鹅 200。

（1）对发生维生素 D 缺乏症的禽群，可在每千克饲料中添加鱼肝油 10～20 毫升和 0.5～1 克多维素添加剂，一般连续喂 2～3 周可逐渐恢复正常。

（2）对重症病禽可逐只肌内注射维生素 D_3，每千克体重用 15 000 国际单位；也可注射维丁胶性钙 1 毫升，每天 1 次，连用 2～5 天，可收到良好效果。

（3）喂服鱼肝油 2～3 滴，每日 3 次，连用 1 周。此外，对病禽还应加强饲养管理，增加富含蛋白质和维生素的精料及光照量。

（二）维生素 A 缺乏症

维生素 A 是家禽生长发育、视觉和维持器官黏膜上皮组织正常生长和修复所必需的营养物质，包括视黄醇、视黄醛、视黄酸和脱氢视黄醇等多种形式，与家禽的免疫功能和抗病力密切相关。维生素 A 缺乏症是由于饲料中多维素添加量不足或质量低劣、多维素配入饲料时间过长或饲料中缺乏抗氧化剂，不能保护维生素 A 免受氧化等因素引起的家禽的营养缺乏性疾病。

［**临床症状**］成年鸡缺乏维生素 A2～5 个月可出现症状。但若成鸡饲喂完全缺乏维生素 A 的日粮，只依靠肝脏和其他组织中的维生素 A 储备，2～5 周龄便可出现维生素 A 缺乏症状。主要表现为成年鸡或火鸡逐渐消瘦，被毛蓬乱，趾爪卷曲，步态不稳，甚至不能站立，往往用尾支地。产蛋量急剧下降，停产期间隔延长，种蛋孵化率降低。公鸡维生素 A 缺乏时，精子数量减

少，精子活力降低，且畸形精子率增高。雏鸡和雏火鸡生长停滞、倦睡、虚弱、运动失调、消瘦和羽毛蓬乱。成鸡缺乏维生素A的显著特征：病鸡的鼻孔和眼睛中可见有水样或牛奶样排泄物，眼睑常被粘连在一起，随着病程的延长，眼中会有白色干酪样物积聚，眼球凹陷，角膜混浊呈云雾状、变软，半失明或失明，最后衰竭死亡。成年鸡急性维生素A缺乏时，通常出现流泪，且眼睑下可见干酪样物。干眼病是维生素A缺乏的一个典型病变，但并非所有的雏鸡和雏火鸡都表现有此病变，因为急性缺乏时，雏禽经常是在眼睛受到侵害之前便死于其他原因。对于雏鸡，如不及时补充维生素A，会导致大批死亡。

[剖检变化] 病变首先出现在咽部，并主要局限于黏液腺及其导管。原有的上皮被角质化上皮所代替，这种角质化上皮将黏液腺的导管堵塞，从而引起导管扩张并充满分泌物和坏死物。白色的小脓疱可见于鼻道、口腔、食管和咽部，并会波及嗉囊，脓疱的直径约为2毫米。随着缺乏症的发展，病灶增大，突出于黏膜表面，并在中心部形成凹陷。在这些病变部位，会出现由炎性产物包围着的小溃疡。这种情况类似于禽痘的某些发展阶段，只有通过镜检才能区分这两种疾病。由于黏膜被破坏，经常会发生细菌和病毒的继发感染。同时在肾脏和输尿管内还常有尿酸盐沉积，在心脏、心包、肝脏表面有时也有尿酸盐沉积。

[类症鉴别要点]

（1）传染性鼻炎　维生素A缺乏症的早期阶段，鼻甲内充满清水样浆液性黏蛋白，稍有压力，这些物质便可从结节和腭裂排出，或鼻前庭逐渐受堵塞而溢流进鼻旁窦。渗出液还会充满各种窦和鼻腔，致使面部一边或两边肿胀起来。这些症状与传染性鼻炎的症状很相似。区别两种疾病多采用治疗诊断法，如由传染性鼻炎引起，用抗生素治疗效果显著；而发生维生素A缺乏症时，抗生素治疗效果不明显，采取增加饲料中有效维生素A的用量效果明显。

（2）禽痘 患有禽痘的病禽，尤其是白喉型禽痘，症状和病变都很难与维生素A缺乏症相区别。但当维生素A缺乏时，薄膜和鼻道堵塞物通常局限于腭裂及其相邻的上皮，它们可容易地剥去而不引起出血，而这种变化不见于禽痘。

［防治对策］

（1）预防 为防止幼禽的先天性维生素A缺乏症，种禽饲料中必须含有充足的维生素A。注意饲料的保管和调配，防止发生酸败、霉变、发酵、发热和氧化，以免维生素被破坏。在配料时还应注意考虑饲料中实际具有的维生素A活性，并要现配现喂，不宜长期保存。平时多喂富含维生素A或维生素A原的饲料，如鱼肝油、牛奶、肝粉、胡萝卜、南瓜和各种青绿饲料等。

近年来，对维生素A的研究结果表明，维生素A除具有促进机体生长、维持上皮组织的正常功能、参与视紫红质的合成等功能外，还有增强免疫细胞的功能，从而在提高机体的正常抗病、抗肿瘤的能力方面起着重要作用。因此，在家禽饲料中适当提高维生素A的用量，可以对提高经济效益起到积极的作用。

（2）治疗 对于严重缺乏维生素A的家禽，给予每千克饲粮中含有效维生素A不低于15 000国际单位的饲粮。维生素A吸收很快，如果不是缺乏症的后期，家禽会很快恢复。

（三）维生素E缺乏症

维生素E又名生育酚，与动物的生殖功能有关，它还是一种抗氧化剂，保护某些细胞膜不被氧化破坏，可增强体液的免疫反应。它不仅是正常生殖机能所必需的微量物质，而且还具有以下三方面的功能：①维生素E是饲料中必需脂肪酸和不饱和脂肪酸、维生素A、维生素D_3、胡萝卜素及叶黄素等的一种重要保护剂（可抗氧化）；②与硒之间存在着一种特殊的作用关系，能够协同防止幼鸡的渗出性素质；③与胱氨酸之间也存在着密切关系，能够协同防止幼鸡的肌营养不良。硒和维生素E缺乏，可使机体的抗氧化机能发生功能性障碍，临床上以渗出性素质、脑软化和白肌病等为特征的一种营养代谢病。

[病因]

（1）日粮中缺乏维生素 E 或饲料保存、加工不当、维生素 E 被破坏，或含硫氨基酸缺乏时，容易发生维生素 E 缺乏症。

（2）球虫病及其他慢性胃、肠道疾病，可使维生素 E 的吸收利用率降低而导致缺乏。

（3）本病在我国的陕西、甘肃、山西、四川、黑龙江等缺硒地发生较多，常呈地方性发生。各种动物均可发病，以幼畜、幼禽较为严重。多发生于缺乏青饲料的冬末、春初季节。

[临床特征] 雏禽维生素 E 缺乏症在临床上主要表现为渗出性素质、脑软化和白肌病。

（1）脑软化症　在 7～56 日龄内均可发生，但多发于 15～30 日龄的雏鸡，以运动失调或全身麻痹为特征的神经功能失常。主要表现共济失调，头向后方或下方弯曲或向一侧扭曲，向前冲，两腿呈有节律的痉挛（急促地收缩与放松交替发生），但翅和腿并不完全麻痹，最后衰竭而死。

（2）渗出性素质　多发生于 20～60 日龄雏禽，以 20～30 日龄为多，主要表现为伴有毛细血管通透性异常的一种皮下组织水肿。轻者表现胸、腹皮下有黄豆大到蚕豆大的紫蓝色斑点；重者表现站立时两腿远远分开，可通过皮肤看到皮下积聚的蓝绿色液体。穿刺皮肤很容易见到一种淡蓝绿色的黏性液体，这是水肿液里含有血液成分所致。病鸡有时突然死亡。

（3）白肌病（肌营养不良）　多发生于 4 周龄左右的雏禽，当维生素 E 和含硫氨基酸同时缺乏时，可发生肌营养不良。表现全身衰弱，运动失调，无法站立，可造成大批死亡。一般认为单一的维生素 E 缺乏时，以脑软化症为主；在维生素 E 和硒同时缺乏时，以渗出性素质为主；而在维生素 E、硒和含硫氨基酸同时缺乏时，以白肌病为主。雏鸭维生素 E 缺乏主要表现为白肌病。成年公鸡可因睾丸退化变性而导致生殖机能减退。母鸡所产的蛋受精率和孵化率降低，胚胎常于4～7日龄时开始死亡。

[剖检变化] 患脑软化症的病雏可见小脑柔软和肿胀，脑膜水肿，小脑表面出血，脑回展平，脑内可见一种黄绿色混浊的坏死区。患渗出性素质的病雏，皮下可见有大量淡蓝绿色的黏性液体，心包内也积有大量液体。白肌病病例，可见肌肉（尤其是胸肌）呈现灰白色条纹（肌肉凝固性坏死所致）。鸡，特别是火鸡维生素E和硒的缺乏，可导致肌胃和心肌产生严重的肌肉病变。

[诊断提纲] 维生素E缺乏症有多种表现形式，单凭临床症状不易识别，必须多剖检几只病鸡，根据其特征性病变做出诊断。脑软化病与脑脊髓炎的区别：脑脊髓炎的发病年龄常为2～3周龄，比脑软化症发病早；脑软化症的病变特征是脑实质发生严重变性，可与脑脊髓炎相区别。

[防治对策]

（1）预防　①维生素E在新鲜的青绿饲料和青干草中含量较多，籽实的胚芽和植物油等中含量丰富，鸡的日粮中如谷实类及油饼类饲料有一定比例，又有充足的青饲料时，一般不会发生维生素E缺乏症。但这种维生素易被碱破坏。因此，多喂些青绿饲料、谷类可预防本病的发生。②在低硒地区，还应在饲料中添加适量亚硒酸钠。

（2）治疗　①雏禽脑软化症，每只鸡每日喂服维生素E5国际单位，轻症者1次见效，连用3～4天，为1个疗程，同时每千克日粮应添加0.05～0.1毫克的亚硒酸钠。②雏禽渗出性素质病及白肌病，每千克日粮添加维生素E20国际单位或植物油5克，亚硒酸钠0.2毫克，蛋氨酸2～3克，连用2～3周。③成年鸡缺乏维生素E时，每千克日粮添加维生素E10～20国际单位或植物油5克或大麦芽30～50克，连用2～4周，并酌喂青绿饲料。

（四）维生素K缺乏症

维生素K是合成凝血酶原所必需的物质，维生素K缺乏所致肝脏的凝血因子合成受阻，临床上以血凝障碍、出血不止为特征。各种畜禽都可发生，多见于家禽，特别是笼养和机械化养鸡场的雏鸡和肉鸽场的幼鸽。维生素K缺乏症是以鸡血液凝固过程发生障碍，发生全身出血性素质为特征的营养缺乏性疾病。

［病因］

（1）集约化饲养条件下，家禽较少或无法采食到青绿饲料，而且体内肠道微生物合成量不能满足需要。

（2）饲料中存在抗维生素K物质，如霉变饲料中真菌毒素、草木樨等会破坏维生素K。

（3）长期使用抗菌药物，如抗生素和磺胺类抗球虫药，使肠道中微生物受抑制，维生素K合成减少。

（4）疾病及其他因素　如球虫病、腹泻、肝病或胆汁分泌障碍，消化吸收不良，环境条件恶劣等均会影响维生素K的吸收利用。

［临床症状］维生素K缺乏症发病潜伏期长，一般缺乏维生素K在3周左右出现症状。雏鸡发病较多，表现为冠、肉垂、皮肤苍白干燥，生长发育迟缓、腹泻、怕冷，常发呆站立或久卧不起，皮下有出血点，尤其胸肌、腹膜、翅膀和胃肠道处明显。血液不易凝固，有时因出血过多而死亡。剖检可见肌肉苍白、皮下血肿，肺等内脏器官出血，肝有灰白或黄色坏死灶，脑等有出血点。死鸡体内有积血，凝固不完全，肌胃内有出血。病鸽常见鼻孔和口腔出血，皮肤血肿呈紫色。种鸡缺乏维生素K表现为种蛋孵化率降低，胚胎死亡率较高。

［剖检变化］主要为皮下血肿，肺出血和胸、腹腔积血，血液凝固不良，有的肝脏有灰白色或黄色小坏死灶。

［诊断方法］主要根据出血及血凝障碍，剖检病变和用维生素K治疗效果好，可作出诊断。必要时可测定凝血酶原。

［防治对策］

（1）应在饲料中添加维生素K，每千克饲料1～2毫克，并配合适量青绿饲料、鱼粉、肝脏等富含维生素K及其他维生素和无机盐的饲料，有预防作用。

（2）对病鸡每千克饲料中添加维生素K 3～8毫克，或肌内注射0.5～3毫克/只，一般治疗效果较好，同时给予钙制剂疗效会更好。但应注意维生素K不能过量以免中毒。

（五）维生素B_2缺乏症

维生素B_2又叫核黄素，是体内许多酶系统的辅助因子，对蛋白质、脂肪和碳水化合物的代谢及细胞呼吸的氧化还原反应具有重要意义。维生素B_2缺乏症是由于维生素B_2缺乏引起黄酶形成减少，使物质代谢发生障碍的营养代谢病，临床上以被毛病变和趾爪蜷缩、肢腿瘫痪及坐骨神经肿大为主要特征。多发生于鸡，且常与其他B族维生素缺乏相伴发。

［病因］

（1）主要原因是日粮中缺少富含维生素B_2的饲料，同时又不添加维生素B_2或添加不足。

（2）饲料被日光长久暴晒、霉变及添加碱性药物，使其中维生素B_2遭到破坏。

（3）白来航鸡的维生素B_2缺乏与遗传因素有关。

［临床症状］本病多发于育雏期和产蛋高峰期。雏鸡临床上呈急性经过，症状明显（雏鸡1周龄前后发病，可能与种蛋维生素B_2含量低有关），可见生长极为缓慢，消瘦衰弱，消化障碍，羽毛粗乱无光，绒毛很少；严重时贫血、下痢。特征性症状是病鸡的趾爪向内蜷曲，不能站立行走；强迫行走时，用飞关节着地或一只脚跳。有的病鸡表现出严重的麻痹，常处于休息状态，翅

膀下垂，腿部麻痹比卷爪更为普遍。后期，病鸡两腿叉开，完全卧地不起，最后衰竭而死。雏火鸡除上述症状外，还有眼角与眼睑上结痂，有的脚与颈部发生严重的皮炎，表现为水肿、脱皮，甚至产生深的裂隙。成年母鸡产蛋量减少。胚胎死亡率增加。胚胎个小、水肿、羽毛发育不全，特征性弯绕，呈结节状绒毛，由于绒毛不能撑破羽毛鞘而引起。

[剖检变化] 坐骨神经和臂神经明显肿胀和变软，其直径可比正常粗 4～5 倍，整个消化道比较空虚，胃肠道黏膜萎缩，胃肠壁变薄，肠道中有多量泡沫状内容物。维生素 B_2 缺乏症母鸡所产蛋孵化时不能出壳的胚胎，其神经系统亦有上述病变。

[诊断方法] 根据趾爪蜷曲、麻痹及坐骨神经干和臂神经干增粗，以及维生素 B_2 缺乏病史、胚胎的病变等可做出诊断。但应与下列疾病相区别：①歪趾病为遗传性疾病，其趾爪向一侧弯曲，走路时仍以足着地。②马立克氏病除发现神经干的损害外，还常在内脏器官发现肿瘤。③患脑脊髓炎的病鸡头、颈甚至翅膀常发生震颤，趾爪无维生素 B_2 缺乏症所具有的蜷曲现象，也无神经干增粗的病变。

[防治对策] 确保日粮中有足够的维生素 B_2，在日粮中添加含维生素 B_2 较多的肝粉、酵母、新鲜的青绿饲料、苜蓿、干草粉等，或添加饲养标准的维生素 B_2，对白色来航鸡要多添加一些。

治疗方法如下。

（1）给轻症病鸡内服维生素 B_2，雏鸡每只 0.1～0.2 毫克，蛋鸡每只 10 毫克，连用 5～7 天。

（2）病情较重者注射维生素 B_2 或复方维生素 B 注射剂，成年鸡每只 5～10 毫克，对于病情严重且进食困难的病鸡，先连续肌内注射维生素 B_2 2 次，再在日粮中添加足量的维生素 B_2。

九、矿物质微量元素缺乏症

（一）硒、维生素E缺乏症

硒是动物体必需的微量元素，维生素E也是机体不可缺少的物质，二者在维持动物正常生命活动中有着重要的生物学功能。

在生产实际中，动物单纯发生硒缺乏或维生素E缺乏的现象并不多见，多发的是微量元素硒和维生素E的共同缺乏所引起的禽硒—维生素E缺乏症（国外也称禽硒－维生素E反应症）。由于动物硒缺乏症与维生素E缺乏症，二者不仅在临床症状及病理变化上有许多共同之处，而且在病因作用、发病机理及防治效果方面有着极其复杂的相互依赖和相互制约的关系。因此统称为“硒－维生素E缺乏综合征”（简称硒缺乏症）。

［**病因**］饲料中硒和维生素E含量不足，当饲料中的硒含量低于0.05毫克/千克时，或饲料加工贮存不当，其中的氧化酶破坏维生素E时，就出现硒和维生素E缺乏症。饲料中硒含量又与土壤中可利用硒水平有关。因此，土壤中的低硒环境是致病的根本原因，水土——食物链是致病的基本途径，而低硒饲料是直接致病原因。该病的发生有一定地区性，且多在寒冷及繁殖旺盛的季节发生，尤其是对雏鸡的危害性大。

［**临床症状**］患病鸡精神沉郁，不愿运动，胸、腹部或腿部、翼下发生水肿，出现典型渗出性素质变化，皮下穿刺流出淡蓝色液体。全身皮下有点状或斑纹状皮下出血。最常发生于3～6月龄鸡，在渗出素质之后，病鸡精神高度沉郁，闭目伏卧，食欲下降或废绝。生长发育停滞，体重下降，消瘦，贫血，冠变白，眼流浆液、黏液性分泌物，角膜变软。翅膀无力下垂，羽毛生长不良。排绿色或白色稀便，肛门周围污染。有时腿和胸肌萎缩，起立困难，步伐迟缓，甚至发生腿麻痹而卧地不起，也发生颈肌弛

缓，不能抬头。最终机体衰竭死亡。

[剖检变化] 尸体剖检可见胸、腹等水肿部位皮下有黄绿色胶冻样渗出物或纤维蛋白凝结物。颈、腹及股内侧皮下有不同程度出血斑。另外，鸡渗出性素质与白肌病常伴发，肌肉松弛、柔软、苍白。胸部和腿部肌肉有白色条纹状坏死。胃、肠有条纹状变性、坏死。胰腺变性、萎缩，脑有出血点，软化或肿胀。

[诊断方法] 根据测定鸡血浆和饲料中硒含量，结合临床症状和病理变化，做出诊断。

[防治对策] 在缺硒地区，日粮中加入0.1～0.15毫克/千克的硒和每千克饲料添加20毫克维生素E，可以预防本病的发生。另外，可应用富硒地区的饲料来补充日粮中的硒。

定期注射或口服硒盐，常用1.005%的亚硒酸钠，给鸡皮下注射或肌内注射，或用0.05毫克亚硒酸钠溶液饮水，预防本病有较好的效果。在治疗时，可皮下注射0.005%的亚硒酸钠1毫升，同时饲料中添加0.1毫克/千克的亚硒酸钠和每千克饲料添加维生素E 10～25毫克，连用3～4天，可以治愈。饲料中添加0.5%植物油（富含维生素E）具有治疗作用，若配用硒（0.05～0.1毫克/千克）则效果更好。给予硒的同时配用维生素E，比单用硒或者维生素E的疗效高。

（二）锰缺乏症

锰是鸡日粮组成所必需的微量元素，锰对动物机体的营养作用越来越被人们重视，当机体缺乏锰时，可致鸡的生长发育、骨骼形态和繁殖机能异常变化。

日粮锰在消化道的溶解度较低，通常经口食入的锰仅有3%～4%被吸收，锰在消化道吸收后，入血与球蛋白相结合而运送至细胞内，锰主要是经胆汁随粪便排出体外，此外通过泌尿、泌乳和汗水排泄。

[病因] 鸡缺乏锰的原因主要是饲料中锰含量较低。饲料中

的其他金属元素可抑制锰的吸收，如铁、钴等，因为铁、钴、锰在肠内有共同的吸收部位。此外，饲料中钙、磷、铁及植酸盐含量过多，可引起锰的缺乏。这是因为钙离子减少了锰的溶解作用，妨碍了锰在体内的贮存。在养殖实践中，养殖户为提高蛋壳的厚度，往往过量使用骨粉和贝壳粉，结果造成蛋鸡锰的缺乏。鸡患慢性胃肠道疾病时，也可妨碍对锰的吸收利用。

［**临床症状**］锰缺乏最显著的特点是骨骼生长异常。幼龄鸡表现为生长发育受阻、采食减少、消瘦。在缺锰2～10周期间，出现骨短粗症或滑腱症，胫－跗关节增大，胫骨下端和跖骨上端弯曲扭转，使腓肠肌腱从跗关节的骨槽中滑出而呈现脱腱症状。病禽腿部变弯曲或扭曲，腿关节扁平而无法支持体重，将身体压在跗关节上。严重病例多因不能行动无法采食而饿死。

成年母鸡产的蛋孵化率显著下降，鸡胚大多数在快要出壳时死亡。胚胎躯体短小，骨骼发育不良，翅短，腿短而粗，头呈圆球样，喙短弯呈特征性的“鹦鹉嘴”。此鸡胚为短肢性营养不良症。

［**防治对策**］根据家禽各个生长阶段的特点，合理搭配使用各种矿物质和其他营养物质。

根据日粮成分，改善饲养，给予富锰饲料，一般认为是青绿饲料和块根饲料对锰缺乏症有良好的预防作用。此外，谷物颗粒饲料外壳中，均含有一定量的锰，糠麸为含锰丰富的饲料，每千克米糠中含锰量可达300毫克左右，所以在日粮中配合谷物饲料，一般不易发生锰缺乏。

为防治雏鸡骨短粗症，可在100千克饲料中添加12～24克硫酸锰，或用1：2 000～3 000高锰酸钾溶液作饮水，每日更换2～3次，连用2日，以后再用2日。

注意补锰时防止中毒，高浓度的锰（3×10^{-3}）可降低血红蛋白和红细胞压积及肝脏铁离子的水平，导致贫血，影响雏鸡的生长发育。过量的锰对钙和磷的利用有不良影响。

（三）锌缺乏症

锌是动物必需的微量元素，在动物体内具有重要的生物学功能。禽类动物缺锌时，可导致机体一系列的代谢紊乱，出现相应的生理学和病理学变化。

锌在动物体内的主要功能是参与多种酶的组成，如碳酸酐酶、碱性磷酸酶、乳酸脱氢酶等百余种酶中都有锌，同时锌也是多种酶的活化剂，锌还参与体内糖代谢。因此，当锌缺乏时，各种含锌酶的活性降低，代谢紊乱，可导致一系列病理变化。

[病因] 鸡对锌的需要受多种因素的影响，当日粮蛋白质来源为动物性蛋白时，一般需要额外添加一定量的锌。在生产过程中，为了保险，锌的实际供给量一般要高于估计需要量。

鸡锌缺乏的原因有两种形式：一是绝对性锌缺乏，由于地理环境因素，饲料中锌含量不足；二是相对性锌缺乏，即饲料中钙和植酸盐含量过多，可与锌结合形成不溶性复合物而降低锌的吸收。此外，饲料中其他盐离子元素也可参与锌的吸收竞争，而降低锌的吸收，当鸡患有慢性消耗性疾病，特别是胃肠疾病时，有可能妨碍锌的吸收而导致鸡出现锌缺乏症。

[临床症状] 缺锌时，雏鸡体质衰弱，食欲消失，羽毛发育不良，受惊时呼吸困难，发育缓慢，骨粗短，关节肿大。胫、足部皮肤发生坏死性皮炎，皮肤过度角化，呈鳞片状，易成片脱落是鸡缺锌的明显表现。产蛋鸡缺锌时，蛋壳薄，孵化率低，孵出的雏鸡畸形多、弱雏多，生活力低，易死亡。

缺锌也影响鸡的免疫力，使抗病能力降低，易继发传染病、寄生虫病和其他营养代谢病。

[防治对策] 在生产中，明显的锌缺乏症易被人们发现，也比较容易得到解决，而由于边缘性锌缺乏所造成的损失，很难被人们所发现，所以生产中，既要重视临床型锌缺乏，也要高度重视广泛存在的边缘性锌缺乏。

合理搭配日粮，合理配合饲料，消除或者减轻妨碍锌吸收利用的因素。饲料中含有10～20毫克/千克的锌即可满足鸡的需要，一般情况下只要按规定添加微量元素制剂就可预防锌缺乏症。此外，肉粉、骨粉含锌量都比较高，可适量配给。治疗可在饲料中添加碳酸锌或硫酸锌，混入比例应为每千克饲料286毫克。用氧化锌混料，用量应为每千克饲料81毫克。

饲料中含锌过多会影响铜和铁的吸收，如含量超过0.08%，即超过需要量的12倍，则可引起中毒反应。雏鸡表现厌食、生长受阻等，产蛋鸡产蛋量急速下降。

（四）碘缺乏症

碘是生物活性较高的一种微量元素，是甲状腺素的主要成分，和其他动物一样，微量元素对维持家禽甲状腺的正常功能是必需的。碘主要通过合成甲状腺素而发挥其生理作用，甲状腺素可促进新陈代谢，增强糖和脂肪的氧化利用和蛋白质的合成，活化多种酶的功能。同时还具有促进和维持中枢神经系统、血液循环系统、生殖系统和骨髓、皮毛正常发育的作用。

［病因］ 饲料和饮水中碘含量不足是主要的致病因素，多发生在土壤中钙质多而腐殖质少的地带，如沙漠土、灰化土、沼泽地等。此外，饲料中菜籽饼含量过高或含有大量致甲状腺肿大的物质（如大豆、亚麻籽等）也可以引起发病。

［临床症状］ 特征症状为甲状腺肿大，生长中的雏禽体重降低，蛋禽的产蛋量下降，产蛋壳蛋，种蛋的孵化率降低，鸡胚死亡率增高，孵化晚期死亡率较高，孵化时间过长，胚胎变小，卵黄囊中的再吸收迟钝。

［防治对策］ 合理搭配日粮，适量添加碘化盐，稳定碘的水平。家禽对碘的需要量为每千克饲料0.45毫克。在饲料中应注意钴和铜的含量，发病后可每天在饮水中滴加碘酊。鸡和火鸡日粮中加0.25%碘化盐可预防该病的发生。

（五）钙缺乏症

钙是鸡体生长发育及维持正常活动不可缺少的物质，雏鸡日粮中的钙主要用于促进骨骼形成，成年母鸡则是主要用于蛋壳的形成，钙还参与凝血过程，降低神经系统的兴奋性，和钠、钾等物质维持心脏的正常活动，同时又与保持酸碱平衡有关。

［**病因**］引起动物发病的原因很多，饲料中钙源不足或者饲料中磷的相对过量导致钙的绝对或者相对缺乏。

钙在小肠前段被吸收，酸性环境促进吸收，碱性环境则抑制吸收。草酸盐、腐殖酸盐中的酸根离子，可与钙形成不溶性钙盐而影响吸收。饲料中低蛋白含量也可降低钙的吸收作用。此外，饲料中维生素D不足或鸡体胃肠机能和肾功能障碍时，也可以影响钙的吸收。

［**临床症状**］当生长中小鸡日粮缺钙时，常伴有维生素D的缺乏，雏鸡生长发育受阻，食欲不佳。由于软骨钙化不全而表现佝偻病，产蛋母鸡需要大量的钙形成蛋壳，钙缺乏时，出现产蛋减少，蛋壳变薄，蛋表面粗糙或性状异常，产软壳蛋或者无壳蛋。长时间缺钙后，会消耗骨骼中的钙，导致骨骼变脆易碎，骨质疏松，有时出现自发性骨折。

［**防治对策**］保证日粮中钙的含量，要考虑到饲料中影响钙吸收利用的因子，合理添加配比。雏鸡和育成鸡，每千克饲料中钙含量维持在1.5％～1.7％为宜，产蛋母鸡饲料中钙含量以1.6％～3.2％为佳。同时调整日粮中磷比例和补充维生素D，可预防本病的发生。

（六）磷缺乏症

磷、钙和维生素D三者的代谢是密切相关的，钙和磷的吸收利用取决于日粮中是否存在足量的维生素D。当维生素D缺乏时，小鸡骨骼中钙和磷的沉着减少，骨骼异常。

磷除了形成骨骼的作用外，在碳水化合物和脂肪代谢中起着重要作用，同时由它形成的盐类对保持动物体内的酸碱平衡也有重要作用。另外，磷对钙的作用及蛋的形成也是必需的。

鸡需要的主要是无机磷，产蛋母鸡需要量较高，因为蛋中含有较多的磷脂和磷蛋白，蛋壳中也含有一定量的磷。鸡对磷的需要量，在排除干扰因子外，一般日粮中含磷0.5%～0.7%。

[病因] 鸡缺磷的原因有原发性和继发性两种。原发性缺磷是由于饲料中缺少磷，一般饲料中缺磷是由于土壤中缺磷，但同时土壤中含磷量不能作为可利用磷的指标，部分磷是以不可利用的结合态存在。继发性缺磷主要是由于日粮中有过量的钙、铁、铝等离子和维生素D不足，影响了磷的吸收利用所致。

[临床症状] 由于磷缺乏常常和钙、维生素D缺乏相伴发生，其临床表现是维生素D和钙缺乏的共同表现，主要是造成雏鸡的佝偻病和成鸡的骨软症及生产力下降。

[防治对策] 在维生素D正常的日粮中，应合理调整钙和磷的比例。钙、磷最适比例是雏鸡2.2∶1，青年鸡1.5∶1，产蛋鸡5.5∶1。在维生素D缺乏时，除合理调整日粮中的钙、磷比例外，还要适当添加维生素D。

第八章 多病因传染性疾病的防治

鸡的一些疾病，如多病因呼吸道病、鸡单核细胞增多症、肉鸡传染性生长障碍综合征、鸡传染性腺胃炎、心包积水综合征等，尚未确定病原，病因较复杂，又具有传染性。本书将它们放入普通综合征类疾病进行阐述。

一、鸡呼吸道疾病

鸡呼吸道疾病是指病原体或非病原体等致病因子侵袭或刺激鸡只，损害鸡呼吸系统，造成鸡呼吸异常的一类疾病的统称。其发生往往是多种致病因子作用所致。所以，有人称它为多病因呼吸道疾病（multicausal respiratory disease，MRD）或复合病因呼吸道疾病（respiratory disease of complexetidogy）。近几年来，鸡呼吸道疾病在各地、各种鸡群的发生率越来越高，给养鸡业造成巨大的经济损失。

［病因］ 引起鸡呼吸道疾病的致病因子可以分为两大类：一类是传染性的病原体致病因子，包括呼吸道病原体和免疫抑制病原体；另一类是非病原体致病因子，包括不良环境等因素。

（1）呼吸道病原体　是指直接引起呼吸道疾病的细菌、支原体、病毒、寄生虫等病原体。大肠杆菌、巴氏杆菌、鸡副嗜血杆菌、沙门氏菌、鼻气管炎鸟疫芽孢杆菌、支原体（MG 和 MS）、新城疫病毒、禽流感病毒、传染性支气管炎病毒、白喉型鸡痘病毒、传染性喉气管炎病毒、腺病毒、呼肠孤病毒、曲霉菌、比翼线虫等是最常见的呼吸道病原体，其中呼吸道病毒活疫苗引发“疫苗接种反应”，也会诱发鸡呼吸道疾病。

（2）免疫抑制病原体 是指引起鸡产生免疫抑制或免疫失败的病原体。主要有马立克氏病病毒、传染性法氏囊病病毒、鸡传染性贫血病病毒、网状内皮组织增生病病毒、呼肠孤病毒等。

（3）环境因素 是指不良的饲养环境。鸡舍通风不良、舍内空气中的一氧化碳和氨浓度过大、含尘量太大、温度和湿度过高或过低、饲养密度过大，以及转群、噪声、气候变化等应激因素，都可能诱发鸡呼吸道疾病。

（4）其他因素 疾病、营养缺乏（如维生素A缺乏）、消毒药浓度过大对鸡只造成的刺激、疫苗稀释和使用不当、中毒（如药物）等因素，可能引起免疫抑制和诱发鸡呼吸道疾病。

［**致病机制**］在临床上，鸡呼吸道疾病多数是由多致病因子协同作用而形成的复合型呼吸道疾病。致病机制主要有以下几种。

（1）单个致病因子的作用 单个呼吸道病原体（如新城疫病毒、禽流感病毒、传染性支气管炎病毒、大肠杆菌等）单独作用，可以引起鸡呼吸道疾病。如果鸡群免疫状态好，病毒毒力不强，常常表现轻微的症状，死亡率较低。单个非病原体致病因子（如鸡舍一氧化碳或氨浓度过高）引起鸡呼吸困难，一旦排除这个致病因素，鸡群就会好转。这种单个致病因子的作用在临床上比较少见。

（2）呼吸道病原体之间的协同作用 两种或两种以上呼吸道病原体同时或先后作用于鸡呼吸道而产生致病协同作用，这种情况最常见，也比单一病原体所致疾病严重得多。鸡新城疫免疫状态较好的鸡群受到鸡新城疫野毒、大肠杆菌或支原体等病原体同时侵袭，就可能发生严重的呼吸道疾病，造成较高的发病率和死亡率。有些鸡场较频繁地使用某些病毒性疾病的活疫苗，而这类活疫苗毒株则可能与其他病原体产生协同作用而导致严重的呼吸道疾病的发生。

（3）呼吸道病原体和免疫抑制病原体之间的协同作用　受传染性法氏囊病毒污染的鸡场或曾发生传染性法氏囊病的鸡群，如果受到大肠杆菌、新城疫病毒等呼吸道病原体的侵袭，鸡群易出现明显的呼吸道疾病症状。剖检死亡鸡只，其呼吸道有明显的病变。这是因为鸡感染传染性法氏囊病病毒后，会造成严重的免疫抑制，抵抗力下降，使鸡对呼吸道疾病病原体的易感性增高，死亡率增高，疫情有时很难控制。鸡新城疫病毒、禽流感病毒、马立克氏病病毒等病毒也有免疫抑制作用。因此，不接种马立克氏病疫苗的肉鸡群和马立克氏病免疫失败的鸡群，其呼吸道疾病发生较为频繁。

（4）呼吸道疾病原体与非病原体致病因子的协同作用　在养鸡生产的临床上，呼吸道疾病非病原体致病因子（如维生素A缺乏、氨浓度过大、应激等）与病原体因子的协同作用比较多见，这种协同作用会加重呼吸道疾病的症状，对该病的发生、发展都产生非常重要的影响。

[**危害**] 鸡群发生呼吸道疾病时出现明显症状和死亡，生长和生产性能下降，它能引起人们重视，及时采取治疗措施。如果发生呼吸道疾病的鸡群症状表现不明显，又不出现死亡，则不易被饲养员、技术员和管理者知晓，易被忽视，但它给养鸡业带来的损失往往是很大的。

（1）当鸡群发生轻微呼吸道疾病时，即使不出现死亡，也会对鸡群造成影响。肉鸡群表现生长迟缓，青年鸡群发育受到严重影响，产蛋鸡群产蛋率出现下降。鸡新城疫野毒感染产蛋鸡群，可能发生非典型新城疫，仅表现呼吸困难而不出现死亡，但产蛋率在1周时间内可能从90%以上下降到40%以下，1个月以后才可能恢复到80%左右。

（2）当鸡群发生严重的呼吸道疾病时，会出现死亡。死亡率与鸡群日龄、体质、免疫状态、免疫抑制情况及感染的呼吸道病原体性质、数量和毒力强弱等诸多因素有关，也与非病原体致病因子的协同作用关系密切，其死亡率最高可达100%。

上述两种情况，都会造成鸡只的淘汰率增高、产品的正品合格率下降，减少了生产的经济效益，甚至出现严重的亏损。在规模鸡场，有时是毁灭性的。

（3）呼吸道疾病致病因子对鸡的生理产生不利影响，造成鸡群体质下降。如鸡新城疫、禽流感等呼吸道病原体的弱毒株或其活疫苗毒株侵入鸡群，由于某种因素制约，不发生呼吸道疾病，但是该病原体对鸡的生理机能造成影响，也可能产生很强的免疫抑制作用，造成机体对各种疫苗的免疫应答能力下降，抵抗力降低，易发各种其他疾病，使鸡群处于亚健康状态。这种影响对鸡的个体来说是终生的。

（4）鸡发生呼吸道疾病后，为了迅速控制疾病，防止疫情扩散，必须采取综合性防治措施，包括应用药物治疗、紧急接种疫苗等，从而增加了饲养管理难度和费用，加大了生产成本，降低了经济效益。

（5）多数鸡呼吸道病原体和免疫抑制病原体是畜禽共患的，它的存在和发生，给其他畜禽生产带来严重的威胁。禽流感病毒的高致病性毒株（如H5N1）不仅引起鸡发病和死亡，还能感染鸭、鹅、鸽等禽类，甚至有感染猪等哺乳动物的报道，从而威胁到畜牧业的整体发展。

（6）鸡群发生呼吸道疾病，严重影响产品的卫生、质量和食品安全，危害人类健康。这包括三方面：一是鸡群发生呼吸道疾病后，应用药物进行治疗，以求控制疫情，如用药不规范可能造成药物残留，对人体产生危害。二是病原体通过粪便等途径排出体外，污染空气和环境，使空气和环境中病原体含量增高，给人类及畜禽带来危害。三是某些鸡呼吸道疾病的病原体（如禽流感病毒）可能通过禽及其产品传染给人类，造成人的感染、发病乃至死亡，严重威胁人类健康。

[防治对策]

（1）加强饲养管理，增强鸡群对疾病的抵抗力，减少病原体致病因子对鸡群的影响。根据鸡的品种和日龄饲喂适宜的全价饲料，防止营养缺乏，增强机体对病原体的非特异性免疫力。加强鸡群管理，鸡舍保持适宜的温度、湿度、光照和通风，降低噪声和鸡舍内氨的浓度，减少疫苗免疫、转群等应激作用等，从而减少呼吸道疾病的诱因。

（2）采取严密的生物安全措施，防止或减少病原体的侵入，不能完全依赖疫苗和药物控制。一是规模鸡场要建立和健全生物安全体系。采用“全进全出”的饲养方式，杜绝不同品种、不同日龄的鸡群同时存在，从而最大限度地防止病原体侵入，切断传播途径。二是加强鸡场内的环境卫生管理，定时进行消毒和灭鼠，做好鸡舍的常规清洗工作，加大鸡舍内带鸡消毒工作的力度。在这一方面，尤其重要的是要做好孵化期和育雏期的生物安全，防止早期感染。三是大中型鸡场要做好鸡群支原体、鸡白痢等垂直传播的病原体的净化，降低商品代鸡群的感染率。

（3）建立科学的免疫程序，提高鸡群免疫水平。一是选择适宜的疫苗，活疫苗的毒力不宜太强，使用频率不宜太高；鸡用活疫苗要由 SPF 鸡胚制作，防止多种胚传疾病的人为传播。二是根据抗体监测的结果选择适宜日龄和时间进行接种，尤其重视基础免疫。三是选择适宜的免疫途径，一般认为点眼、滴鼻法是鸡疫苗接种的最佳方法，尤其是鸡新城疫Ⅱ系、Ⅲ系、Ⅳ系疫苗和传染性支气管炎疫苗及传染性喉气管炎弱毒型疫苗的接种；翼下刺种适用于鸡痘疫苗、鸡新城疫Ⅰ系疫苗的接种；马立克氏病疫苗采用颈背皮下注射法接种；禽流感、禽霍乱等疫（菌）苗以肌内注射为好。对于产蛋期和产蛋盛期的鸡群，为避免骚扰鸡群，常采用群体免疫法，群体免疫法中最常用、最易做的就是饮水法。四是免疫接种要熟练、细心、准确，尽量降低应激和疫苗反应程度。

（4）在鸡呼吸道疾病常发的鸡场还应做到：①根据实验室以往检测和临床实际，全面了解和掌握本场病原体存在情况，尤其要了解鸡新城疫、传染性法氏囊病、马立克氏病、禽流感等病毒病的发生程度，掌握支原体、大肠杆菌、鸡白痢等污染情况及疫苗种类和使用情况，为呼吸道疾病防治提供科学依据。②当呼吸道疾病发生时，将以往病史、流行病学、临床症状和病理变化进行综合鉴别诊断，排除非病原体致病因子，再结合实验室常规诊断，从而确定是呼吸道病原体还是免疫抑制病原体。③根据诊断结果，迅速采取综合性防治措施。这种综合性防治措施应是快捷的、有针对性的和有效的，既是对症下药又可防治并发病或继发症。在大群体发生鸡呼吸道疾病的临床药物治疗方面，可根据诊断结果确定引发呼吸道疾病主要原因，选用两种有效的、具有协同作用的药物。如果是病毒性疾病，则采用“中药复方制剂或抗病毒药物＋常规抗菌药物”全群饮水给药；病鸡隔离，注射给药。这种做法曾多次应用于临床，取得了很好的效果。④如果确诊是高致病性禽流感等烈性传染病，应及时报告当地兽医防检部门。严格执行《动物防疫法》和国家有关规定，根据“早、快、严、小”的原则，迅速封锁鸡场，采取有效的综合性防治措施，对病鸡、死鸡、粪便及垃圾无害化处理，同群鸡、同场鸡要就地扑杀、深埋，鸡舍及周围环境认真彻底消毒，防止疫情扩散，迅速扑灭疫情。

鸡呼吸道疾病是我国养鸡生产上最常见的一类疾病。在规模鸡场，多数表现为细菌性的，呈间歇性发生；在中小型鸡场，由于饲养管理水平低，生物安全观念淡薄，鸡呼吸道疾病发生情况非常严重，呈顽固性，很难控制；个别鸡场几乎每批鸡都发生呼吸道疾病，常年不断。从 1992 年 1 月—1999 年 5 月，作者对 8 个中小型鸡场进行跟踪调查，共有 11 例鸡群发生严重的鸡新城疫，死亡率最高达到 74％。2004 年 1—4 月份禽流感在世界部分国家和地区流行，造成数千万只家禽死亡或被扑杀，损失极为严重，已成为养鸡生产的最大隐患。

附：鸡喘咳症

鸡喘咳症是以喘咳症状为主的呼吸困难的疾病。其病程长短不一，有的几天，有的延续至出售，明显地降低鸡群的经济效益。

[病因]

（1）代谢病　如肉鸡腹水症、胸囊肿可直接压迫肺脏引起喘咳症。

（2）病原体　鸡副嗜血杆菌、鸡败血支原体，大肠杆菌、巴氏杆菌、曲霉菌等细菌、真菌混合感染，出现综合的喘咳症症状；新城疫、传染性支气管炎、传染性喉气管炎、传染性法氏囊病、禽流感等可直接或间接诱发喘咳症。

（3）饲养管理不当　如饲料中棉籽饼和食盐等用量过大、饮用高浓度的高锰酸钾水，其侵害鸡的呼吸道、消化器官和内脏器官，导致鸡喘咳症。在管理方面，饲养管理密度过大，通风不良，潮湿，以及甲醛、氨气浓度过高，也可引起鸡喘咳症。

[症状和病变] 病鸡呈现伸颈、摇头、咳嗽，有时咳血，气管啰音，发出异常呼吸音，流鼻液，有的伴有下痢。剖检还可见上呼吸道出血性炎症，消化道出血性炎症，胸肌、腹肌、腿肌出血，肝肿大，心包炎，肾肿大等多种病变。

[防治] 采取综合性的防治措施是关键。首先从饲料、饲养到管理，包括饲养密度、温度、湿度和通风等；其次加强免疫和消毒工作，避免病原体侵袭鸡群；第三采取对症治疗，增加多维含量，增强机体的抵抗力。

二、肉鸡肠毒综合征

肉鸡肠毒综合征是肉鸡的一种以腹泻、粪便中含有未完全消化的饲料、采食量明显下降、生长迟缓、日渐消瘦、色素沉着障碍、脱水和饲料报酬下降为特征的疾病。近几年来，在我国商品肉鸡饲养发达地区的鸡群中普遍存在。

［**病原**］本病病原尚不确定。通常认为发病和下列因素有关：①轮状病毒、魏氏梭菌和小肠球虫的感染；②肠道内环境的变化，包括肠道内正常菌群改变；③饲料中维生素、能量和蛋白质的含量过高；④电解质大量丢失；⑤自体中毒。

［**流行病学**］该病在山东、河北、辽宁、江苏、河南等肉鸡饲养发达地区的地面平养商品肉鸡中普遍存在，但是该病在有的地方还没有被养鸡户和禽病临床工作者所认识。此病发生于30～40日龄的肉鸡，其他日龄也可以发生，但严重程度较轻，发病的数量较少，最早可发生于7～10日龄，一般来讲，地面平养的肉鸡发病早一些，网上平养的肉鸡发病晚一些。密度过大，湿度过高，通风不良，卫生条件差的鸡群多发，症状也较严重，治疗效果较差。越是饲喂含优质蛋白质、碳水化合物和维生素等营养物质充足的全价饲料，发生肠毒综合征的机会就越大，症状也较严重。与此相反，品质较低的饲料发生的机会少，症状较轻。此病发生较严重的鸡群，猝死症的发病率明显上升，先兴奋不安后瘫软、衰竭死亡的鸡明显增多。

［**症状**］发病初期，鸡群一般没有明显的症状，精神正常，食欲正常，无明显的死亡率增加现象。个别鸡粪便变稀、不成形，含有未消化的饲料，随着病情的发展，整个鸡群的大部分鸡开始腹泻，有的鸡群发生水样腹泻，粪便变得更稀薄，不成形，粪便中有较多未完全消化的饲料，粪便的颜色变浅，略显浅黄色或浅黄绿色。当鸡群中多数鸡出现此种粪便2～3天后，鸡群的采食量开始明显下降，一般下降10％～20％。中、后期个别鸡会出现神经兴奋、疯跑，之后瘫软死亡。

［**病理变化**］早期十二指肠段和空肠的卵黄蒂之前的部分肠壁增厚，黏膜颜色变浅，呈灰白色，表面可见糠麸状坏死灶，极易剥离。肠腔空虚，内容物较少，有的内容物为尚未消化的饲料，有的甚至没有内容物。此病发展到中后期，肠壁变薄，黏膜

脱落，肠内容物呈蛋清样、黏脓样，个别鸡群表现得特别严重，肠黏膜几乎完全脱落，肠壁菲薄，肠内容物呈血色蛋清样或黏脓样、柿子样。其他脏器未见明显病理变化。

[**防治措施**]

（1）采取综合性防治措施　做好鸡舍内外的清洁卫生和消毒工作，减少不良环境因素造成的应激。加强饲养管理，降低饲料中脂肪和蛋白质含量，增加电解质的补充，加强球虫等疾病防治，减少本病发生的机会。

（2）由于是多病因共同作用引起的，所以采用联合用药治疗效果更明显。鸡群发病后，应用肠道药物治疗。康复后，用益生素调理肠道菌群至肠道菌群平衡。

三、鸡的肾脏疾病

鸡的肾脏疾病是指病原体或其他因素引起的以肾脏病变和功能障碍为主的一类疾病的俗称。其往往是多种病因综合作用所致，也是非原发性的疾病。

[**病原**] 本病致病因素尚待进一步研究，但人们已对病原达成共识：一是传染性因素，二是非传染性因素。这些因素往往单独或共同引起发病。

（1）传染性因素　肾型传染性支气管炎、传染性法氏囊病、产蛋下降综合征、传染性肾炎、雏鸡白痢、马立克氏病、球虫病、白冠病和螺旋体病等都可引起肾脏病变。

（2）非传染性因素　①长期饲喂高蛋白质饲料；②饲料中钙镁比例失调；③维生素A长期缺乏或维生素A和维生素D长期过量；④多种中毒性疾病如磺胺类药物中毒等；⑤饲养管理不当，如冷热应激、饮水不足、密度过大、运动不足、环境阴暗潮湿；⑥家禽的遗传缺陷。

[**临床症状**] 患鸡饲料转化率降低，精神沉郁，贫血，冠苍白，脱毛；周期性体温升高，心跳增数，神经症状，不自主的排

泄白色稀粪，粪便中尿酸盐含量增加，生产性能降低。对于肉仔鸡，有的造成腹水，降低商品等级。

继发于细菌、病毒、寄生虫、药物中毒等疾病的肾脏疾病，除有上述症状外，还兼有相应各病的具体症状，如呼噜、排绿粪、血便、产蛋率下降等。

［病理变化］ 患鸡出现类似痛风的病理变化。肾脏出血、肿大，有的因尿酸盐沉积而形成花斑肾，输尿管梗阻而变成白色，严重者可见心脏、肝、脾、关节处有尿酸盐沉积，如果是继发于其他疾病的，尚有呼吸道病变及生殖系统病变。

［防治对策］

（1）加强饲养管理，保持饲料的清洁、卫生，并注意饲料中营养物质的全面、合理搭配，尤其不能缺乏维生素A。做好肾型传染性支气管炎、传染性法氏囊病等疾病的防治。不要长期或过量使用对肾脏有损害的药物及消毒剂，如磺胺类药物和氨基糖苷类药物。

（2）对发病鸡群的管理　降低饲料中蛋白质的比例，增加维生素的含量，给予充足的饮水；停止使用对肾脏有损害的药物和消毒剂。

（3）使用药物对症治疗和辅助治疗　根据肾脏发生的病变和功能障碍，采用改善肾脏功能的药物和添加剂，如中药或电解质类等，加速尿酸盐排泄。

四、鸡单核细胞增多症

本病是一种常发生于青年蛋鸡的急性或亚急性霍乱性疾病，又称鸡蓝冠病、新母鸡病，其与火鸡的蓝冠病（火鸡病毒性肠炎）不属于同一类型。

［病原］ 致病原因尚未完全清楚，一般认为是病毒。

［流行病学］ 本病多发生于夏季舍养的青年蛋鸡。

［症状］ 鸡群突然发病，且发病率高，可达25%。病鸡出现

精神委顿、下痢（呈白色水样稀粪）。食欲和饮水减少，产蛋量下降，常因衰竭而亡。病鸡脱水及头部发绀呈蓝色，故称“蓝冠病”。

[剖检变化] 肌肉条状出血，心脏、浆膜和脂肪均可见出血；胰脏由正常的粉红色变为白垩色（系因脱水和发绀所致），有时可见白色坏死灶；肠内容物呈卡他性胶冻状，肾脏发炎、肿大、苍白，并有尿酸盐沉积。此外，常伴有胸肌坏死、嗉囊内容物发酵等变化。

[诊断方法] 根据临床症状、病理变化和鸡单核细胞增多症病史，可作初步诊断。但是易与禽霍乱等临床表现相似的疾病相混淆。

[防治措施]

（1）加强饲养管理是防治本病的主要措施，减少环境的应激，在炎热气候要注意通风和营养，同时加强卫生消毒工作，减少本病的污染和传播机会。

（2）发生过本病的鸡场选用灭活疫苗，在开产前30天免疫。

（3）发生本病后，在饲料或饮水中添加电解多维作辅助治疗，同时在饲料中按1.5%～2.0%添加氯化钾对症治疗，应用抗生素防止继发感染。

五、肉鸡传染性生长障碍综合征

肉鸡传染性生长障碍综合征又称肉鸡生长迟缓综合征、鸡苍白综合征、直升飞机病、脆骨病、股骨头坏死、吸收不良综合征、传染性发育停滞症候群及矮化症等。本病的特征为皮肤苍白，羽毛生长不良，生长迟缓，增重减慢，跛行。主要侵害肉鸡，特别是肉用仔鸡。

1978年本病在荷兰首次报道，其后在英国、美国等陆续报道。我国1987年在江西首次报道。

[病因分析] 本病的致病原因尚无一致意见，可能与以下因

素有关。

（1）呼肠孤病毒感染　病鸡分离的病毒接种1日龄雏鸡，可引起雏鸡生长和增重迟缓，内脏器官产生类似自然发病鸡的病变。多数学者认为本病的病原是禽呼肠孤病毒。但病毒提纯后都不能完全复制成功。因此可能还有细菌、多种病毒和其他因素参与、共同作用的结果。

（2）营养缺乏　如缺乏维生素E—硒，病鸡发生的一些病理变化，如脑软化、胰腺萎缩，与缺硒引起的病变相同，但并不是本病的主要原因。

（3）饲养管理不善　病鸡的表现与早期饲养管理不善造成的疾病相似，主要因素有温度过高、饲养密度过大、通风不良等。

［流行病学］ 不同品种、不同日龄的鸡都可发生，多发生于3周龄以内的肉用仔鸡，最早为3日龄，6～14日龄死亡最多，发病率可达20%，死亡率达15%左右，发病率和死亡率与饲养管理条件有密切关系。

病鸡和带毒鸡是本病的主要传染源，本病可经消化道感染，水平传播，也可经蛋垂直传播。本病常呈地方性流行，还具有持续性或周期性等流行特点。一旦发生，则很难彻底消灭，长期在鸡群中水平传播。

［临床症状］ 本病表现为生长停滞和腹泻，粪便呈水样，内含未充分消化的食物，病鸡腹部膨胀下垂。体重迅速下降，个体矮小，生长明显受阻。皮肤苍白，羽毛发育异常，蓬松、稀短、干枯、无光泽、易断裂；病鸡有时出现两翅展开的特殊姿势，呈直升飞机状。3周龄以上病鸡有的出现站立无力和跛行，有的肉髯、头颈水肿。患病母鸡产蛋率低，种蛋孵化率低，并且后代死亡率高。

［剖检变化］ 特征性病变是肠道（尤其后段肠道）扩张，肠腔内充满消化不良的食物，并含有黄色黏液样物质，腺胃增大增厚，肌胃缩小。胰腺皱缩，呈灰白色、质地坚硬、间质性胰腺炎

具有特征性。胆囊明显扩张，充满胆汁。

病鸡的心包扩张，心包液增多，有局灶性心肌炎。法氏囊和胸腺萎缩，骨骼钙化不良，股骨近端坏死、易断裂。

[诊断方法] 雏鸡出现原因不明的生长迟缓、羽毛稀短、皮肤苍白和跛行；剖检可见胰腺萎缩及纤维化，肠道扩张和含有黄色黏性液体以及骨骼钙化不良，即可做出诊断。进一步确诊需进行病原分离和电镜观察。

[防治对策]

（1）采取综合性防治措施　①加强鸡群的饲养管理，饲喂全价营养饲料，避免某种营养物质缺乏；改善饲养条件，降低饲养密度，消除发生本病的主要诱因。②做好生物安全控制，对圈舍及其周围经常清扫、清洗和消毒，严格执行全进全出的科学饲养管理制度，以减少水平传播的可能，有助于防治本病。③病鸡不能留作种用，避免垂直传播，同时做好传染性法氏囊病等免疫抑制病的防治工作。

（2）做好种鸡的预防性免疫接种工作　在美国，20～24周龄种鸡接种禽呼肠弧病毒 CO_8 株灭活苗，为其后代提供被动免疫，使后代体重增加，淘汰率下降。

（3）疫情处置　本病没有有效的治疗方法。发生疫病后应尽快隔离、消毒，严重的病鸡淘汰，全群饲料中增加维生素和矿物质，添加杆菌肽、新霉素等药物，可减轻症状、减少死亡和损失。

六、鸡传染性腺胃炎

鸡传染性腺胃炎是一种雏鸡生长不良、消瘦、病程长和死淘率高的疾病。有时与肉鸡传染性生长障碍综合征相似，易混淆。

[病因分析] 导致本病发生的主要病因可能包括以下几方面。

（1）病原体　鸡痘病毒可能是腺胃炎发病很重要的病因，尤其是发生眼型鸡痘的鸡群，易继发腺胃炎，造成很高的死亡率。

一些垂直传播的病原体或污染马立克氏病疫苗的特殊病原体，如网状内皮组织增殖病病毒、鸡贫血病毒等，也可能是本病发生的主要病原。

（2）饲料营养不均衡　饲料中纤维含量高或缺乏维生素、蛋白质等，易发腺胃炎。

（3）不明原因的眼炎　如传染性支气管炎病毒、传染性喉气管炎病毒和各种细菌，以及维生素A缺乏或通风不良等引起眼炎的致病因子，都会导致腺胃炎的发生。

［流行特点］①主要发生于30～60日龄的雏鸡，20日龄以下或80日龄以上的鸡有时也可能发生。②本病发生具有明显的局限性（即多发生于一个区域），发病的鸡群大多来源于同一个种鸡场或同一品系的鸡群。③多是垂直传播或通过污染马立克氏病和鸡痘疫苗传播。不能水平传播（或很少），很多鸡场同一日龄两批不同品种的鸡群可发生交叉感染。④是一种综合征，病因复杂。在良好饲养管理下，本病不表现临床症状或轻微，如果诱因很多，则症状明显和严重。⑤多发生于8～11月份，与鸡痘发生季节相似。

［症状］病鸡生长不良、消瘦、贫血，有时伴有咳嗽、甩鼻等呼吸道症状。病程长达1～2个月，死淘率高（10%～50%）；严重继发感染时，死淘率更高。康复的鸡群生长不良，产蛋高峰不明显。

［剖检变化］腺胃肿胀，乳头水肿或凹陷消失、出血。胸腺、法氏囊萎缩，部分鸡肾肿大，有尿酸盐沉积。如果继发细菌混合感染，可见肝肿大，有坏死点。

［诊断方法］本病在临床发生并不多，其诊断主要是通过流行病学特点和特征性病理变化做出，实验室诊断未见报道。临床上要与肉鸡传染性生长障碍综合征相鉴别。

［防治对策］

（1）采取综合性防治措施　主要包括：①严格控制和检测种

鸡群可垂直传播的疾病，尤其是从国外引进的鸡种；定期净化种鸡群，杜绝网状内皮组织增殖病病毒和鸡贫血病毒垂直传播。②选择饲养管理好的种鸡场引进雏鸡苗，如果引进鸡苗有腺胃炎发生，应更换引种鸡场或品种。③加强饲养管理，加强鸡痘、传染性支气管炎等疫病和免疫抑制病（如传染性法氏囊病、球虫、鸡传染性贫血病、网状内皮组织增殖病、曲霉菌病等）的防治，消除营养不良等诱因。④使用没有被网状内皮组织增殖病病毒、鸡贫血病毒等病原体污染的马立克氏病疫苗。

（2）本病没有特异性免疫预防方法，也无特效治疗方法。发生本病后预后不良。只有淘汰消瘦病鸡，健康鸡加强营养、消毒、应用抗生素预防继发感染和对症治疗，从而尽可能地减少死亡和损失。

七、心包积水综合征

心包积水综合征是主要侵害雏鸡的一种急性传染病。本病首次发现于巴基斯坦卡拉奇靠近安卡拉的地方，又叫安卡拉病(Angara disease)，是一种新发现的疾病。

[病因] 致病因子主要有以下几方面。

（1）多种血清型腺病毒，在鸡的肝细胞内可形成嗜碱性核内包涵体。

（2）饲养管理因素　饲料、管理、饮水中盐的含量、疫苗及免疫程序、抗生素、促长剂和抗球虫药的影响。

[流行病学] 本病多发生于3～6周龄的肉鸡，也可见于种鸡和蛋鸡。多数鸡群从3周龄开始死亡，4～5周龄达高峰，持续4～8天，5～6周龄死亡减少。病程8～15天，死亡率达20%～80%。

[临床症状] 病鸡无明显预兆而突然倒地，两腿划空，数分钟内死亡。

[剖检方法] 心肌柔软，心包积有淡黄色透明的渗出液。肝

肿胀、充血、质脆和坏死。肾苍白或呈黄色。

［诊断方法］一般凭典型的心包积水及肝脏切片中见到嗜碱性核内包涵体可确诊。要注意与包涵体肝炎鉴别。

［防治对策］除加强鸡群饲养管理，采取综合性防治措施外，还可以采集病鸡肝脏组织制成灭活苗，给 10～20 日龄的肉鸡作 1～2 次注射免疫，可保护 6 周龄之前的肉鸡不发病。

第九章 鸡胚胎疾病及其防治

鸡胚胎疾病是指鸡胚在发育过程中出现的疾病，其危害主要有三方面：一是使胚胎发育受阻，形成死鸡胚，孵化率降低；二是孵出病雏鸡，表现出生长发育迟滞和死亡；三是种鸡某些传染病（如鸡白痢）的病原微生物通过带菌卵而广泛传播。

在鸡的孵化过程中，引起胚胎疾病的原因很多，如遗传、营养和传染病等因素，根据致病原因，可将鸡胚疾病主要分为4类：营养性胚胎病、传染性胚胎病、种蛋品质不良胚胎病和孵化不当胚胎病。

一、营养性胚胎病

营养性胚胎病主要是由于种鸡及其所产种蛋缺乏某些氨基酸、维生素和微量元素而引起的。本病的特征性临床症状是骨骼端软骨早期发生变性，胚胎肢体短缩，骨的生长发育受阻等。表现为胚胎发育不良，程度较轻的可以孵出弱雏，严重时造成胚胎死亡。如果其缺乏的养分能及时从育雏饲料中得到补充，多数雏鸡可以逐渐正常生长，否则死亡率增加。

种蛋中某些营养物质过多也能引起营养性胚胎病，例如维生素A、维生素D超过正常量过多，会引起鸡胚维生素中毒，肝脏发生脂肪变性，但这种情况很少发生。

1. 维生素A缺乏症 维生素A缺乏的种蛋受精率较低，在孵化早期死胚较多且孵出雏鸡的生长发育迟缓。孵化中后期胚胎易发生内脏型痛风，胚胎死亡率升高，出壳的弱雏增多，部分有眼疾或失明，抗病力差，成活率低。死胚肾脏肿大，肾脏、输尿管及其他脏器白色尿酸盐沉积。同时眼肿胀，分泌物增多。

2. 维生素 D 缺乏症　种母鸡维生素 D 缺乏、钙磷比例失调以及光照不足，种蛋入孵后胚胎发生黏液性水肿病（至少在孵化 10 天后才能出现眼观病变），胚体皮肤出现囊泡状水肿，其内充满浆液，皮下组织呈弥漫性肿胀，有时腿爪短小，肝脏脂肪浸润，胚胎在 10～16 日龄死亡较多。孵出的雏鸡体弱，骨骼发育不良。如果饲料中同时缺乏维生素 D，雏鸡约在 10 日龄发生佝偻病。正常雏鸡即使饲料缺乏维生素 D，由于体内有一定的储备，一般到 1 月龄前后才会发生佝偻病。本病具有明显的季节性，主要发生在冬季。

3. 维生素 B_1 缺乏症　产蛋种鸡一般不会缺乏维生素 B_1。饲料中含维生素 B_1 的原料配比不足，或者在正常饲料之外又大量饲喂蚌肉、螺蛳、鱼虾等，因其中含有破坏维生素 B_1 的物质，会造成维生素 B_1 缺乏。只要喂的时间不太长，种鸡本身并不表现出明显症状，产蛋还会增多，但种蛋内维生素 B_1 贫乏。这些种蛋的外观与正常无异，入孵后胚胎也没有明显病态。但是雏出壳困难，将蛋壳啄一小孔便无力进一步破壳，人工剥壳助产的效果也不大，剥出的弱雏不久死在出雏盘内。

4. 维生素 B_2 缺乏症　产蛋鸡对维生素 B_2 的需要量比较大，气候寒冷时需要的更多一些，此时，如果饲料中电解多维用量不足，或其质量低劣，就会造成维生素 B_2 缺乏。种鸡无明显症状，仅产蛋量偏低，但种蛋内维生素 B_2 贫乏。这些种蛋的蛋白缺乏正常鸡蛋所具有微绿色荧光，入孵后，一般在 9～14 日内出现死亡高峰期。胚体有两种特征性病变，一是绒毛卷曲纠结，呈结节状；二是躯体明显短小，腿关节变形，有的趾爪卷曲。此外，还有体表水肿、贫血、肾脏变性、颈弯曲等病变。病胚显著弱小，一部分雏鸡腿部麻痹，不能站立，足趾弯曲，这些雏鸡难以成活，其余的生长不良，成活率也较低。

5. 维生素 B_{12} 缺乏症 网上或笼养种鸡不能从粪便和垫草中获得维生素 B_{12}，当动物性饲料比例过低而且电解多维用量不足时，就会造成维生素 B_{12} 缺乏。种鸡自身症状不明显，但是其所产种蛋入孵后，胚胎发育不良，第 16～18 天死亡的较多。死胚皮肤呈弥漫性水肿，腿肌萎缩，心脏畸形、肥大和出血等，甲状腺肿大，肝脏脂肪变性。

6. 维生素 E 缺乏症 本病在孵化的 1～7 天内胚胎死亡率最高。鸡胚主要病理变化是中胚层肿大，胎盘的血管萎缩、出血。后期眼球晶状体混浊，角膜出现斑点。本病不多见，其发生与母鸡日粮配合不合理有关。

7. 短肢性营养不良症 种蛋缺乏锰、胆碱和生物素都能引起此种胚胎病。病胚躯体短小，腿短而弯曲，颈部弯曲，喙呈特征性的"鹦鹉嘴"，但骨质生长良好。种蛋中的蛋白大部分没有利用，蛋黄浓稠。孵化后期少数胚胎死亡，其余孵出的多为弱雏，腿关节特别是飞关节肿大、变形，骨粗短，无饲养意义。

二、传染性胚胎病

传染性胚胎病是指由病原微生物引起的胚胎感染性疾病。按病原类型可分为细菌性、病毒性和真菌性；按感染途径可分为内源性和外源性。病原微生物主要来源于种鸡。凡是能垂直传播的传染病，如鸡白痢、禽副伤寒、慢性呼吸道病、禽脑脊髓炎、大肠杆菌病、结核病、传染性喉气管炎、鸡马立克氏病、鸡包涵体肝炎、禽白血病等，均可引起胚胎感染性疾病。如果感染率高，入孵后可能引起大量胚胎发病。种蛋内部带有某种病原微生物而不引起胚胎发病的，主要有 3 种情况：一是病原体数量很少，致病力较弱；二是存在相应的母源抗体（如脑脊髓炎）；三是有些传染病如白血病等，潜伏期很长，要在孵出雏鸡并生长到十几周龄之后才发病。

病原微生物亦可从蛋壳的气孔侵入种蛋。如葡萄球菌、大肠杆菌、绿脓杆菌、沙门氏菌和多种霉菌等。

1. 鸡白痢 是发生最多的细菌性胚胎病。带菌鸡的种蛋几乎100%带有鸡白痢沙门氏菌。其造成病胚在孵化中期开始发生死亡，孵化到19天为死亡高峰。剖检可见肝、脾肿大，心、肺表面有细小的坏死结节，直肠末端蓄积白色尿酸盐。多数病胚可以出壳，在2～3周龄以内雏鸡的发病率和死亡率最高，呈流行性。耐过鸡生长发育不良，成为慢性患者和带菌者。预防本病的根本措施是净化种鸡场。

2. 禽副伤寒 是由沙门氏菌引起，通过带菌卵或出壳雏鸡在孵化器感染带菌。其在自然界的分布很广，污染蛋壳时，易于侵入蛋内。被感染的胚胎尿囊充血肿胀，肝脏色泽不匀，有灰白色小点，脾肿大，胆囊胀大、充满胆汁，心和肠道有点状出血。出雏前死亡较多，最高可达90%，并孵出一些带菌、带病的雏鸡。水禽和火鸡多见，鸭对本病的易感性特别高，鸭胚被侵害时，出雏前大批死亡。

3. 慢性呼吸道病（鸡毒支原体） 种鸡群发生本病时，种蛋带菌率较高，孵出大量带菌雏鸡，使病原广为扩散。胚胎受的损害一般比较轻，严重者在出壳时即死亡，部分胚体水肿，气管、气囊有豆渣样渗出物，肝脾稍肿大、坏死，有的腿关节化脓肿胀，心包炎，对出雏率有一定影响。为了防止本病扩散，发病种鸡群应立即淘汰。

4. 卵黄囊炎和脐炎 本病是由胚胎期延续到出壳后的一种常见的细菌性传染病，病原菌主要是大肠杆菌、葡萄球菌、沙门氏菌、变形杆菌等。大多是由蛋壳入侵的，大肠杆菌和沙门氏菌可来源于种鸡，孵化温度高低不当、不匀和种蛋中某些营养成分不足也会促使本病发生。病胚卵黄囊囊膜变厚，血管充血，卵黄呈青绿色或污褐色，吸收不良，脐部发炎肿胀。出雏时死雏及残弱雏较多，其下腹部胀大，皮肤很薄，颜色青紫，脐孔破溃污秽，大部分在7日龄前死亡。隔离出可以治愈的病雏，要及时使用抗生素治疗。预防措施主要是防止种蛋蛋壳污染、搞好种蛋及孵化器的消毒、提高孵化技术水平等。

5. 波氏杆菌病 种母鸡感染波氏杆菌后，一般无异常表现，但其所产蛋在孵化后期鸡胚可发生死亡，死亡率最高可达50%。死亡的鸡胚大小不一，主要病理变化有胎毛易脱落，体表弥漫性出血，尿囊液呈血红色、土黄色等，卵黄囊膜有出血点、出血斑和坏死灶，心脏表面有出血点或出血斑，腺胃乳头个别出血。

6. 曲霉菌病 本病是种蛋在保存和孵化期间被霉菌污染引起的。霉菌可由气孔侵入蛋内，导致胚体水肿、出血，许多内脏器官的表面有灰白色霉点，眼、耳、鼻孔等部位也有霉菌繁殖，造成一部分胚胎死亡、发臭。本病在鸭胚较常见，鸡胚发生的较少，孵化器内湿度过大会增加发病率。

三、种蛋品质不良胚胎病

种蛋品质直接影响鸡胚的发育和健康状况，如果种蛋形态结构有缺陷或保存不当引起品质不良，必然引发胚胎病。

1. 种蛋形态结构上的缺陷 如无精蛋、异形蛋、软壳蛋、水蛋、异物蛋等均是形态结构异常的种蛋，有些可能在孵化过程中发生病变，有的则完全不能用于孵化。

2. 种蛋保存不当或时间过长 孵化前种蛋贮存环境温度过高或过低，湿度过高（水分进入）、时间过长（超过7天引起水分减少或破损或腐败），影响种蛋的新鲜度和品质，使蛋壳、蛋黄、蛋白等发生变化，严重影响孵化率，甚至失去孵化价值。

四、孵化不当胚胎病

由于孵化不当，使种蛋处于不良环境中，受精卵细胞不能形成正常的胚胎，而出现各种胚胎病。

1. 温度不适 鸡胚胎0～18天孵化器适宜温度为37.8℃，18天后转入出雏器，适宜温度为37～37.5℃。

（1）早期过热 孵化早期鸡胚自身没有调节体温的能力，对孵化器内温度变动的适应能力很差，鸡胚生长发育缓慢，脑膜黏连，形成畸胚、异位、死胚或孵出弱雏。

（2）短时间急剧过热 血管破裂引起胚胎死亡，表现脑、肝等出血。

（3）长时间过热 胚胎营养代谢加快、发育异常。导致尿囊萎缩，出现早啄壳现象，雏鸡发育不足，出血、蛋黄吸收不良，脐带愈合不良和出血。蛋壳有蛋白黏附，弱雏比例增加，有些不能出壳即死，成活率低。

（4）孵化后期温度过高 胚胎生长受抑制，蛋内营养物质吸收不良，雏鸡无力破壳而出，心肌麻痹和出血，引起死亡。

（5）低温 主要是影响营养代谢从而使生长发育停滞，在初期和中期一般不会发生很高的死亡率，但易出现出壳延迟。如果长期温度过低，有些过于瘦弱的幼雏则不能出壳，会出现死胎增多；出壳的幼雏体质弱，不能站立，腹部膨大，可能发生下痢，蛋壳内常有血性液体滞留。常见的病变为颈黏膜水肿、卵黄黏稠，肝脏肿大，心扩张，有时可见肾水肿或胚体畸形。

2. 湿度过大 孵化时湿度过大，妨碍蛋内水分蒸发，尿囊的液体蒸发缓慢与出壳时间不一致；孵出的弱雏，体表常被黏性液体污染，且腹部肿胀，许多幼雏在破壳时窒息而亡，喙和体表常黏附于蛋壳上。主要病理变化为尿囊湿润，胚胎液体黏稠呈胶冻状，嗉囊、肌胃和肠管内充满气体。此外当湿度过大时，霉菌大量繁殖，对胚胎造成严重危害。

3. 氧气不足 若不注意日常通风换气，易引起胚胎供氧不足而窒息或引起氨血症而死亡。胚胎皮肤、内脏充血或出血，心脏结构残缺。胚位不正，常因缺氧而死亡。

4. 翻蛋不当 如果孵化过程中管理不当，不翻蛋、翻蛋频率过低或翻蛋角度不够，都可引起胚胎病，严重时甚至引起胚胎大批死亡。常见的变化为朝向蛋壳的蛋黄与胚体发生干涸，并与蛋壳黏附，蛋白不能完全被包住。

五、胚胎疾病的诊断

在种鸡场，种鸡群健康状况良好，饲养管理正常。在孵化场，种蛋孵化过程科学管理，则孵化时很少发生胚胎疾病。如果种蛋受精率和受精蛋的孵化率都低于90%，甚至更低，并出现很多死胚和弱雏，就说明发生了胚胎疾病。其诊断程序如下：

1. 病史调查 孵化率的高低主要取决于种蛋的品质和种蛋贮运及孵化过程的各种因素。

（1）种鸡群和种蛋调查 种鸡群的饲养管理（包括日龄、饲料、饲养方式、是否有应激及公、母鸡配比或人工授精等）、健康状态（是否发病、产蛋率变化）、既往病史和免疫接种程序等，上述因素都可能影响种蛋的质量。种蛋来源、贮存、运输情况，包括种蛋的外形完整度、清洁度、光泽度和贮存时间等都直接影响种蛋的品种。

（2）孵化情况的调查 包括各个时间段的温度、湿度、翻蛋次数。

2. 照蛋 照蛋能够实时监测胚胎发育状况，及时检出死胎或弱胎，做好记录，计算各胚龄段死胚的发生率。鸡胚通常在孵化第3～5天和第18～19天的死亡率最高，前者占全部死胚的15%，后者占50%。若蛋内营养物质缺乏，孵化中期死亡率也会增高。

3. 死胚的检查 照蛋时检出的死胚、弱胚和未出雏的蛋（俗称“脚蛋”或“毛蛋”）均含有大量有助于诊断胚胎病的信息。观察其病理变化，判定胚胎死亡的时间和弱胚的发育情况，是胚胎疾病诊断的重要依据。

4. 实验室检查 根据初步检查的结果，有选择性地进行实验室检查，包括生物化学、免疫学和微生物学检查等，从病原学上诊断胚胎病。

六、胚胎疾病的防治

鸡的胚胎疾病主要是以预防为主。由于引起鸡的胚胎疾病因素很多，应采取综合性防治措施。

1. 加强种鸡的饲养管理和疾病防治 要供给全价饲料，保证维生素、矿物质等营养的需要，建立良好的饲养管理条件，预防营养性胚胎病的发生。减少应激因素，促进种鸡遗传育种水平的提高，预防遗传性胚胎病的发生。保持饲料和饮水的清洁、卫生，采用添加有抗生素的饲料添加剂，做好平时的免疫接种以及定期驱虫，防止各种疾病在种鸡群的发生。禁止用急性疾病痊愈不久或有慢性传染病（如鸡白痢等）的鸡所产的蛋用于孵化，减少内源性胚胎传染病的发生。

2. 严格对种蛋的选择

（1）了解种蛋的来源 要对外来种蛋进行深入的调查，尽可能多了解提供种蛋的种鸡场种鸡的饲养管理、营养状况、生产性能、疾病防治情况和健康状况，包括近期爆发过的传染病、养殖场中一直存在的慢性传染病和寄生虫病或其他疾病的种类和流行状况，确保种蛋品质的可靠性。

（2）选取优质种蛋，淘汰劣质种蛋 根据种蛋的外形、光泽度、清洁度和贮存的环境、时间判断种蛋的优劣。畸形、受潮、受热、久贮的蛋立即淘汰。

3. 重视种蛋的存贮和消毒 种鸡舍、产蛋箱必须保持清洁干燥。种蛋要及时收集、尽早入孵，严重污染的蛋不能入孵，收集的种蛋应及时清洁消毒。贮蛋库必须定期清洁消毒，温、湿度适宜，通风透气良好。入孵前要对种蛋孵化场地、孵化设备和工具进行严格消毒。还可用抗生素消毒法对种蛋进行处理，杀死种蛋内部的病原微生物，如鸡毒支原体，防止和减少内源性、外源性胚胎传染病的发生。

几种常用的种蛋消毒方法如下。

（1）福尔马林熏蒸法　仅对孵化之前的种蛋熏蒸。具体做法是将种蛋安放在蛋盘内，置熏蒸室内，按（12克高锰酸钾＋23毫升福尔马林）/米^3、湿度90%、温度32℃条件下密闭熏蒸30分钟。

（2）碘液浸蛋法　以结晶碘5克、碘化钾8克、水1升配成溶液、浸没种蛋1分钟，使微生物的菌体蛋白变性，具有良好灭菌效果。

（3）抗生素消毒法　抗生素浸蛋可抑制蛋壳表面的微生物的繁殖，减少某些传染性胚胎病的发生。目前较常用的有红霉素和庆大霉素，分别配成1毫克/毫升、0.5毫克/毫升的水溶液，浸蛋20～30分钟。有专家建议如果有条件的可将种蛋浸入抗生素溶液置于密封容器，加压0.4个大气压保持1小时，可对蛋壳和蛋内微生物都有抑菌效果。

其他的种蛋消毒法如水银石英灯照射法、漂白粉浸蛋法都可以应用，尤其可以用于水禽种蛋消毒。

4. 防止孵化过程中的污染　孵化场要远离污染源，要与种鸡场、商品代鸡场有一定的距离，防止它们之间的相互影响。加强孵化场地、孵化器蛋盘和其他用具的清洁和消毒工作，减少孵化环境中的病原微生物对种蛋的影响，从而减少传染性胚胎病的发生。

5. 提高孵化技术　采取必要的措施，严格按照孵化规程的要求进行孵化，尽量杜绝因孵化不当而引起的胚胎疾病。

图书在版编目（CIP）数据

鸡场疾病防控关键技术/朱国强主编．—北京：中国农业出版社，2013.5（2017.3 重印）
（科学养鸡步步赢）
ISBN 978-7-109-17789-5

Ⅰ.①鸡…　Ⅱ.①朱…　Ⅲ.①鸡病-防治　Ⅳ.①S858.31

中国版本图书馆 CIP 数据核字（2013）第 070908 号

中国农业出版社出版
（北京市朝阳区麦子店街 18 号楼）
（邮政编码 100125）
责任编辑　郭永立　张艳晶

中国农业出版社印刷厂印刷　　新华书店北京发行所发行
2014 年 1 月第 1 版　　2017 年 3 月北京第 3 次印刷

开本：850mm×1168mm 1/32　　印张：6.5
字数：158 千字
定价：18.00 元